全国机械行业职业教育优质规划教材（高职高专）
经全国机械职业教育教学指导委员会审定

高等职业教育示范专业系列教材
数控技术专业

数控加工工艺与编程

主　编　关雄飞

副主编　王荪馨　呼刚义

参　编　杨　鹏

主　审　王彦宏

U0239566

机 械 工 业 出 版 社

本书以 FANUC 0i 系统为研究对象，内容包括数控加工技术基本概念、数控车床工艺编程、数控铣床及加工中心工艺编程和宏指令编程。本书内容安排合理，循序渐进，深入浅出，综合训练采用项目教学，目标明确，选题恰当，实用性和启发性较强，有利于学生分析和解决问题能力的提高。在书后附有 SIEMENS 系统和华中世纪星系统指令对照表，以供读者参考。

本书可作为高等职业院校机械类专业教材，也可作为相关企业工程技术人员参考用书。

图书在版编目（CIP）数据

数控加工工艺与编程/关雄飞主编. —北京：机械工业出版社，2011.6（2025.1重印）

高等职业教育示范专业系列教材. 数控技术专业
ISBN 978-7-111-34509-1

Ⅰ.①数…　Ⅱ.①关…　Ⅲ.①数控机床-加工工艺-高等职业教育-教材②数控机床-程序设计-高等职业教育-教材　Ⅳ.①TG659

中国版本图书馆 CIP 数据核字（2011）第 081419 号

机械工业出版社（北京市百万庄大街 22 号　邮政编码 100037）
策划编辑：王英杰　责任编辑：王英杰　崔占军　王丹凤
版式设计：霍永明　责任校对：陈秀丽
封面设计：鞠　杨　责任印制：张　博
北京建宏印刷有限公司印刷
2025 年 1 月第 1 版·第 16 次印刷
184mm×260mm · 13.25 印张 · 326 千字
标准书号：ISBN 978-7-111-34509-1
定价：39.00 元

电话服务　　　　　　　　　网络服务
客服电话：010-88361066　　机　工　官　网：www.cmpbook.com
　　　　　010-88379833　　机　工　官　博：weibo.com/cmp1952
　　　　　010-68326294　　金　书　网：www.golden-book.com
封底无防伪标均为盗版　　机工教育服务网：www.cmpedu.com

前　言

本书本着"以就业为导向，工学结合"的原则，以实用性为基础，根据企业的实际需求来进行课程体系设置和教材内容的选取，注重学生分析和解决生产实际问题的能力，努力提高教学效果，突出高等职业教育特色。

本书具有以下特点：

1）编者充分考虑了零件加工工艺的合理性，把学生学过的机械制造工艺等相关知识应用到数控加工编程当中。本书的中心是数控加工编程技术。

2）本书基本概念清晰，体现了知识的系统性和实用性。

3）本书采用了基本理论讲解与项目式训练相结合的教材模式。对典型零件案例的解析，使学生对本课程要求的知识点和实操技能有一个全面、系统及较深的理解和掌握。

4）本书中的例题多来自编者多年的教学经验积累，内容主题鲜明，深入浅出，趣味性和启发性较高。

5）每一案例都配有与加工程序相一致的刀具轨迹示意图，对理解加工程序有很大的帮助。

本书由西安理工大学高等技术学院"数控加工编程技术"精品课程开发小组编写。全书共分4章。其中，杨鹏编写了第1章的1.1、1.2；关雄飞编写了第1章的1.3，第4章以及第2章和第3章的部分内容，呼刚义编写了第2章，王荪馨编写了第3章。关雄飞任本书的主编，负责全书的统稿和定稿。陕西工业职业技术学院的王彦宏任本书的主审。

由于编者水平有限，所以缺憾在所难免，恳请读者指正。邮箱：guanxiongfei@ sina. cn

编　者

目　录

前言
第1章　数控加工技术基本概念 ………… 1
1.1　基本概念 ………… 1
1.1.1　数控技术及其发展 ………… 1
1.1.2　数控机床的组成及工作原理 ………… 2
1.1.3　数控机床的分类 ………… 4
1.1.4　数控机床的特点及应用范围 ………… 6
1.1.5　数控编程技术 ………… 7
1.1.6　数控技术的发展趋势 ………… 9
1.2　数控编程基本知识 ………… 10
1.2.1　字的概念和功能指令 ………… 10
1.2.2　程序格式 ………… 12
1.2.3　数控机床的坐标系 ………… 14
1.2.4　数控编程中的数学处理 ………… 18
1.3　数控加工工艺基础 ………… 20
1.3.1　数控加工的刀具及其选用 ………… 20
1.3.2　切削用量及工艺参数的确定 ………… 25
1.3.3　工艺路线的拟订 ………… 30
思考与练习题 ………… 34

第2章　数控车床工艺编程 ………… 35
2.1　基本编程指令 ………… 35
2.1.1　工件坐标系的设定 ………… 35
2.1.2　常用功能指令 ………… 38
2.1.3　简单阶梯轴的精加工 ………… 44
2.1.4　刀具半径补偿功能 ………… 45
2.1.5　外沟槽的加工 ………… 49
2.1.6　成形面的分层加工 ………… 51
2.2　循环功能指令 ………… 52
2.2.1　单一固定循环指令 ………… 52
2.2.2　复合循环指令 ………… 57
2.2.3　轴类零件的加工 ………… 62
2.2.4　套类零件的加工 ………… 64
2.3　螺纹加工指令 ………… 67
2.3.1　螺纹加工的相关基本知识 ………… 67
2.3.2　常见螺纹的数控加工编程指令 ………… 71
2.3.3　三角形圆柱外螺纹的加工 ………… 74
2.3.4　三角形圆锥外螺纹的加工 ………… 76

2.3.5　三角形圆柱内螺纹的加工 ………… 76
2.3.6　多线螺纹的加工 ………… 77
2.3.7　梯形圆柱外螺纹的加工 ………… 81
2.4　综合加工实例 ………… 85
项目一　零件综合加工训练一 ………… 85
项目二　零件综合加工训练二 ………… 88
项目三　零件综合加工训练三 ………… 93
思考与练习题 ………… 95

第3章　数控铣床及加工中心工艺编程 ………… 100
3.1　基本功能指令 ………… 101
3.1.1　工件坐标系的建立 ………… 101
3.1.2　常用的功能指令 ………… 102
3.1.3　刀具半径补偿功能 ………… 107
3.1.4　刀具长度补偿功能 ………… 112
3.2　坐标变换功能指令 ………… 113
3.2.1　比例缩放功能指令 ………… 113
3.2.2　镜像功能指令 ………… 116
3.2.3　旋转功能指令 ………… 118
3.2.4　极坐标 ………… 120
3.3　平面轮廓加工应用实例 ………… 122
项目一　平面外轮廓的加工实例 ………… 122
项目二　平面内轮廓的加工实例 ………… 126
项目三　凹槽的加工实例 ………… 129
3.4　孔加工循环指令 ………… 131
3.4.1　钻孔加工循环指令 ………… 132
3.4.2　螺纹加工循环指令 ………… 135
3.4.3　镗孔加工循环指令 ………… 136
3.4.4　孔加工循环功能的应用 ………… 138
3.5　综合加工实例 ………… 140
项目一　十字凸台零件加工实例 ………… 140
项目二　转接盘零件加工实例 ………… 148
项目三　配合件加工实例 ………… 153
思考与练习题 ………… 158

第4章　宏指令编程 ………… 164
4.1　FANUC 0i 系统宏程序编程基础知识 ………… 164

4.1.1 变量与赋值 …………… 165

4.1.2 运算指令 …………… 167

4.1.3 转移与循环指令 ……… 167

4.1.4 用户宏程序调用指令 ……… 168

4.2 数控车床宏指令编程 ………… 171

4.2.1 椭圆曲线轮廓轴的加工 … 171

4.2.2 其他非圆曲线轮廓轴的加工 … 172

4.3 数控铣床及加工中心宏指令编程 …… 173

4.3.1 圆柱孔的轮廓加工 … 173

4.3.2 多个圆孔（或台阶圆孔）的轮廓加工 （……） 174

4.3.3 孔口倒圆角 … 176

4.3.4 圆柱体倒角 … 178

4.3.5 螺纹铣削加工 … 179

4.3.6 椭圆内轮廓铣削加工 … 181

4.3.7 球头铣刀加工四棱台斜面 …… 182

4.3.8 内球面粗加工 … 184

4.3.9 内球面精加工 … 186

4.4 宏程序综合应用实例 … 188

项目一 手柄轴车削加工编程 … 188

项目二 凸模零件铣削加工编程 ……… 190

思考与练习题 ………… 195

附录 …………… 198

附录 A FANUC、SIEMENS、华中世纪星
数控车床指令对照表 … 198

附录 B FANUC 0i-MC、SIEMENS 802D、
华中世纪星 HNC-22M 数控铣床
指令对照表 … 203

参考文献 ………… 206

第1章　数控加工技术基本概念

基本要求

1. 了解数控技术、数控机床、数控加工、数控机床组成与分类及数控机床的产生及发展现状等基本知识。

2. 了解数控机床的工作过程和数控机床加工工艺的特点。

3. 理解数控机床坐标系的概念，了解数控编程的内容和编程方法。

4. 理解数控加工程序的格式、结构及常用指令的功能及应用。

5. 能够合理选用常用加工刀具、切削用量。

6. 学会一般零件加工工艺路线的设计。

学习重点

1. 数控加工程序的格式、结构及常用指令的功能及应用。

2. 合理选用常用内、外轮廓，孔及螺纹加工的刀具。

3. 零件加工顺序、进给路线及切削用量的确定。

学习难点

1. 合理选用常用内、外轮廓，孔及螺纹加工的刀具。

2. 零件加工顺序、进给路线及切削用量的确定。

1.1　基本概念

1.1.1　数控技术及其发展

1. 数控技术

数控即数字控制（Numerical Control，NC），是使用数字化信息，按给定的工作程序、运动轨迹和速度，对控制对象进行控制的一种技术。数控系统所控制的一般是位移、角度、速度等机械量，也可以是温度、压力、流量、颜色等物理量。这些量的大小不仅是可以测量的，而且可经 A/D 或 D/A 转换器转换。

现代数控技术综合运用了微电子、计算机、自动控制、精密测量、机械设计与制造等技术的最新成果，具有动作顺序的程序自动控制，位移和相对位置坐标的自动控制，速度、转速及各种辅助功能的自动控制等功能，在许多领域得到了越来越广泛的应用。

2. 数控机床

采用了数控技术的设备被称之为数控设备。其操作命令是用数字或数字代码的形式来描述，工作过程是按指令程序自动进行。数控机床就是一种典型的数控设备，它是装备了数控系统的金属切削机床。

3. 数控加工

数控加工也可称为机械加工，在这里特指在数控机床上进行零件加工的一种工艺方法，数控加工的实质就是数控机床按照事先编制好的加工程序，对零件进行自动加工的过程。

4. 数控技术的产生与发展

数控机床是为了满足现代生产对机械产品精度、生产效率、形状复杂的零件轮廓、改型频繁等日益提高的需求而产生的。自1952年美国帕森斯公司与美国空军合作，研制出第一台数控铣床之后，人们对数控技术的研究、改进和应用取得了很大的发展，在数控系统的发展方面，一般将其划分成以下五代产品：

1952年出现的第一代数控系统，采用电子管和继电器的数控装置。

1959年出现的第二代数控系统，采用晶体管的数控装置。

1965年出现的第三代数控系统，采用小规模集成电路的数控装置。

1970年出现的第四代数控系统，采用大规模集成电路及小型计算机的数控装置。

1974年出现的第五代数控系统，采用微处理器或微型计算机技术的数控装置。

前三代数控系统是采用专用控制计算机的硬接线（硬线）数控系统，简称NC。20世纪70年代初，随着计算机技术的发展，小型计算机的价格大幅下降，采用小型计算机代替专用控制计算机的第四代数控系统应运而生，不仅在经济上更为合算，而且许多功能可用编制的专用程序来实现，将它存储在小型计算机的存储器中，构成控制软件，使系统的可靠性和功能有了很大的提高和发展，这种数控系统又称为软接线（软线）数控系统，简称CNC（Computerized NC）。1974年出现了以微处理器为核心的第五代数控系统，简称MNC（Microcomputerized NC），我们将CNC、MNC统称为计算机数控系统，即CNC。

计算机数控系统的控制功能大部分由软件技术来实现，不仅使硬件得到大大简化、系统可靠性大大提高，功能更加强大和完善，而且价格也大幅下降。

在数控系统不断更新换代的同时，数控机床的机械结构、品种规格也得到不断地发展，1958年美国卡尼-特雷克公司研制出带自动换刀装置的加工中心MC（Machining Center）。随着计算机技术、信息技术、网络技术以及系统工程学的发展，在20世纪60年代末期出现了由一台计算机直接管理和控制数台数控机床的计算机数控系统，即直接数控系统DNC（Direct NC）。1967年出现了由多台数控机床连接成可调的加工系统，它是以网络为基础、面向车间开放式集成制造系统，即柔性制造系统FMS（Flexible Manufacturing System），20世纪80年代初又出现以1～3台加工中心为主体，再配上工件自动装卸的可交换工作台及监控检验装置的柔性制造单元FMC（Flexible Manufacturing Cell）。进而又出现包括市场分析、经营决策、产品设计及制造、生产管理、销售等全过程均由计算机集成管理和控制的计算机集成制造系统CIMS（Computer Integrated Manufacturing System）。

在数控机床全面发展的同时，数控技术在机械行业中的应用得以迅速发展，如数控绘图机、数控坐标测量机、数控激光与火焰切割机、数控线切割机等数控设备等。

1.1.2　数控机床的组成及工作原理

1. 数控机床的组成

数控机床的组成框图如图1-1所示，主要由输入输出装置、数控装置、伺服驱动系统、检测反馈装置和机床本体组成。

（1）输入输出装置　输入输出装置的主要功能是编制程序、输入程序和数据、打印和

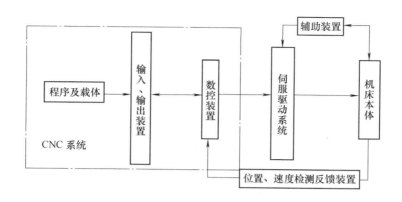

图 1-1　数控机床组成框图

显示。这一部分的硬件，简单的情况下可能只有键盘和发光二极管显示器；一般的可再加上纸带、光电读带机、磁带、磁盘输入机、人机对话编程操作键盘和 CRT 显示器；目前通常还包含一套自动编程机或 CAD/CAM 系统。

（2）数控装置　数控装置是数控设备的控制核心。它是接收操作者输入的程序和数据，进行分类、译码和存储，并按要求完成数值计算、逻辑判断、输入输出控制、轨迹插补等功能。数控装置一般由一台专用计算机或通用计算机、输入输出接口以及机床控制器（可编程序控制器）等部分组成。机床控制器主要用于实现对机床辅助功能（M）、主轴转速功能（S）和换刀功能（T）的控制。

（3）伺服驱动系统　伺服驱动系统包括伺服控制电路、功率放大电路、伺服电动机。其主要功能是接收数控装置插补运算产生的信号指令，经过功率放大和信号分配，驱动机床伺服电动机运动。伺服电动机可以是步进电动机、直流伺服电动机或交流伺服电动机。

（4）检测反馈装置　该装置由检测部件和相应的检测电路组成，其作用是检测速度和位移，并将信息反馈给数控装置，构成闭环控制系统。常用的检测部件有脉冲编码器、旋转变压器、感应同步器、光栅和磁尺等。

（5）机床本体　机床本体是被控制的对象，是实现零件加工的执行部件，是数控机床的主体，包括床身、立柱、主轴、进给机构等机械部件。

另外，为了保证数控机床功能的充分发挥，还有一些配套的辅助控制装置（如冷却、排屑、防护、润滑、照明、储运、程编机和对刀仪等）。

2. 数控机床的工作原理

当使用机床加工零件时，通常需要对机床的各种动作进行控制，一是控制动作的先后次序，二是控制机床各运动部件的位移量和运动速度。采用数控机床加工零件时，只需要将零件图形和工艺参数、加工步骤等以数字信息的形式，编成程序代码输入到机床控制系统中，再由其进行运算处理后转换成驱动伺服机构的指令信号，从而控制机床各部件协调动作，自动地加工零件。当更换加工对象时，只需要重新编写加工程序，即可由数控装置自动控制加工的全过程，能较方便地加工出不同的零件。数控加工的原理如图 1-2 所示。

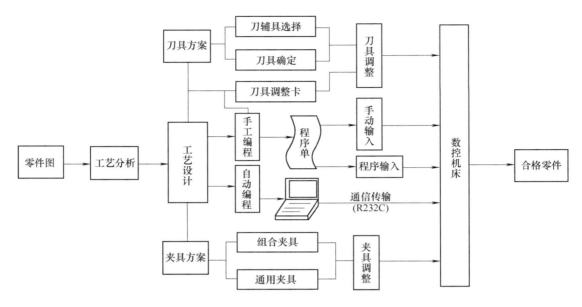

图 1-2　数控加工原理框图

从图 1-2 可以看出，数控加工过程总体上可分为数控程序编制和机床加工控制两大部分。数控机床的控制系统一般都能按照数字程序指令控制机床实现主轴自动起停、换向和变速，能自动控制进给速度、方向和加工路线，进行加工，能选择刀具并根据刀具尺寸调整进给量及运动轨迹，能完成加工中所需要的各种辅助动作。

1.1.3　数控机床的分类

1. 按工艺用途分类

1）金属切削类，如数控车床、数控铣床、数控钻床、数控镗床、数控磨床、数控滚齿机、加工中心等。

2）金属成形类，如数控折弯机、数控弯管机、数控压力机等。

3）特种加工类，如数控线切割、数控电火花、数控激光切割机等。

4）其他类，如数控等离子切割机、数控三坐标测量机等。

2. 按运动轨迹控制分类

（1）点位控制数控机床　这类机床只控制运动部件从一点移动到另一点的准确定位，在移动过程中不进行加工，对两点间的移动速度和运动轨迹没有严格要求，可以沿多个坐标同时移动，也可以沿各个坐标先后移动。为了减少移动时间和提高终点位置的定位精度，一般先快速移动，当接近终点位置时，再降速缓慢趋近终点，以保证定位精度。图 1-3 所示为点位控制加工示意图。采用点位控制的机床有数控钻床、数控坐标镗床、数控冲床和数控测量机等。

（2）直线控制数控机床　这类机床不仅要控制点的准确定位，而且要控制刀具（或工作台）以一定的速度沿与坐标轴平行的方向进行切削加工。机床应具有主轴转速的选择，

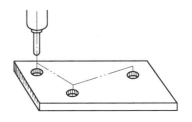

图 1-3　点位控制加工示意图

控制、切削速度与刀具的选择以及循环进给加工等辅助功能。图1-4所示为直线控制加工示意图。这种控制常用于简易数控车床、数控镗铣床等。

（3）轮廓控制数控机床 这类机床能够对两个或两个以上运动坐标的位移及速度进行连续相关的控制，使合成的平面或空间的运动轨迹能满足零件轮廓的要求。其数控装置一般要求具有直线和圆弧插补功能、主轴转速控制功能及较齐全的辅助功能。这类机床用于加工曲面、凸轮及叶片等复杂形状的零件。图1-5所示为轮廓控制加工示意图。轮廓控制数控机床的有数控铣床、数控车床、数控磨床和加工中心等。

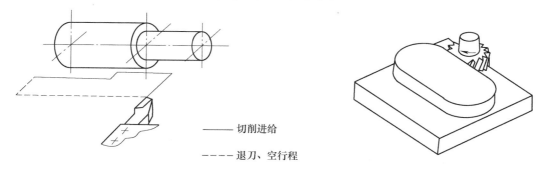

—— 切削进给

- - - - 退刀、空行程

图1-4 直线控制加工示意图　　　　　　　　图1-5 轮廓控制加工示意图

3. 按伺服驱动系统分类

（1）开环控制系统 开环控制系统框图如图1-6所示。这类控制系统没有位置检测元件，伺服驱动部件通常为反应式步进电动机或混合式伺服步进电动机。数控系统每发出一个进给指令脉冲，经驱动电路功率放大后，驱动步进电动机旋转一个角度，再经传动机构带动工作台移动。这类系统信息流是单向的，即进给脉冲发出去以后，实际移动值不再反馈回来，所以称为开环控制。

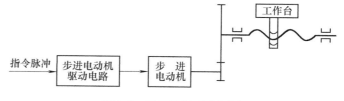

图1-6 开环控制系统框图

开环控制系统的特点是结构较简单、成本较低、技术容易掌握，但由于受步进电动机的步距精度和传动机构的传动精度的影响，难于实现高精度的位置控制，进给速度也受步进电动机工作频率的限制。开环控制系统一般适用于中、小型经济型数控机床，特别适用于旧机床改造的简易数控机床。

（2）闭环控制系统 闭环控制系统框图如图1-7所示。这类控制系统带有直线位移检测装置，直接对工作台的实际位移量进行检测。伺服驱动部件通常采用直流伺服电动机或交流伺服电动机。图1-7中A为速度检测元件，C为位置检测元件。当位移指令值发送到位置比较电路时，若工作台没有移动，则没有反馈量，指令值使得伺服电动机转动，通过A将速度反馈信号送到速度控制电路，通过C将工作台实际位移量反馈回去，在位置比较电路中与位移指令值进行比较，用比较后得出的差值进行位置控制，直至差值为零时为止。这类控制系统，因为把机床工作台纳入了控制环节，故称闭环控制系统。该系统可以消除包括工作台传动链在内的传动误差，因而定位精度高。但由于工作台惯量大，对机床结构的刚性、传动部件的间隙及导轨副的灵敏性等提出了严格的要求，否则对系统稳定性会带来不利影响。

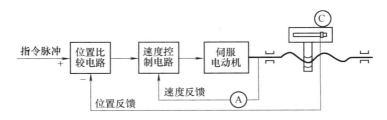

图 1-7　闭环控制系统框图

闭环控制系统的特点是定位精度高，但调试和维修都较困难，系统复杂，成本高，一般适用于精度要求高的数控设备，如数控精密镗铣床。

（3）半闭环控制系统　半闭环控制系统框图如图 1-8 所示。这类控制系统与闭环控制系统的区别在于采用角位移检测元件，检测反馈信号不是来自工作台，而是来自与电动机输出轴相联系的角位移检测元件 B。通过测速发电机 A 和光电编码盘（或旋转变压器）B 间接检测出伺服电动机的转角，推算出工作台的实际位移量，将此值与指令值进行比较，用差值来实现控制。从图 1-8 可以看出，由于工作台没有包括在控制回路中，因而称之为半闭环控制系统。这类控制系统的伺服驱动部件通常采用宽调速直流伺服电动机，目前已将角位移检测元件与电动机设计成一个部件，使系统结构简单、方便。半闭环控制系统的性能介于开环控制系统和闭环控制系统之间，精度没有闭环控制系统高，调试却比闭环控制系统方便，因而得到广泛应用。

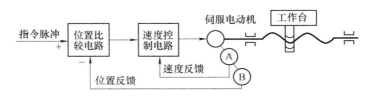

图 1-8　半闭环控制系统框图

1.1.4　数控机床的特点及应用范围

1. 数控机床的特点

（1）适应性强　适应性也称为柔性，是指数控机床随生产对象的变化具有很强的适应性，加工零件的形状变化时，只需改变加工程序，而机床、夹具等工艺装备一般不需改变。另外，数控机床可以完成多种工序，比如，镗铣加工中心，能完成钻、镗、锪、铰、铣削、螺纹加工等加工工序。

（2）加工精度高，质量稳定　对应数控系统每发出一个脉冲，机床工作台的位移量称为脉冲当量。目前数控装置的脉冲当量一般为 0.001mm，高精度的数控系统可达 0.0001mm。切削进给传动链的反向间隙与丝杠螺距误差等均可由数控装置进行补偿，因此，数控机床能达到比较高的加工精度。

数控机床切削加工常采用工序集中方式，减少了多次装夹对加工精度的影响，自动加工方式也可避免人工操作误差，使工件加工的质量稳定，同一批零件尺寸一致性好。

（3）生产效率高，生产准备周期短　由于数控机床自动化程度高，并且综合应用了现代科学生产技术成果，与普通机床相比可提高生产效率 3～5 倍。对于复杂成形面的加工，生产效率可提高十倍，甚至几十倍。同时，对于新零件的加工，大部分准备工作是针对零件工艺编制数控程序，而不是去准备靠模、钻镗模、专用夹具等工艺装备，而且编程工作可以离线进行，可以利用 CAD/CAM 系统自动编程，这样大大缩短了生产准备时间。因此，十分有利于企业产品的升级换代和新产品的开发。

（4）能实现复杂的运动　数控机床可以完成复杂的曲线和曲面的自动加工，如螺旋桨、汽轮机叶片等空间曲面，也可以完成普通机床上很难、甚至根本无法完成的加工。

（5）减轻劳动强度、改善劳动条件　利用数控机床进行加工，操作者只需按图样要求编制加工程序，然后输入并调试程序，机床即可进行自动加工。操作者观察和监视加工过程并装卸工件，除此之外，不需要进行繁重的重复性手工操作，其劳动强度与紧张程度可大为减轻，劳动条件也相应得到改善。

（6）有利于实现制造和生产管理的现代化　数控机床使用数字信息与标准代码处理、传递信息，易于建立与计算机间的通信联络，从而形成由计算机控制和管理的产品研发、设计、制造、管理及销售一体化系统。

2. 数控机床的应用范围

数控机床是一种高度自动化的机床，有一般机床所不具备的许多优点，所以数控机床的应用范围在不断扩大，但数控机床的技术含量高，成本高，使用和维修都有一定难度。若从经济方面考虑，数控机床适用于加工：

1）多品种小批量零件。

2）结构较复杂，精度要求较高或必须用数学方法确定的复杂曲线、曲面等零件。

3）需要频繁改形的零件。

4）钻、镗、铰、锪、攻螺纹及铣削等多工序联合加工的零件，如箱体、壳体等。

5）价格昂贵，废品率要求低的零件。

6）要求全部检验的零件。

7）生产周期短的急需零件。

1.1.5　数控编程技术

1. 数控编程的定义

把零件全部加工工艺过程及其他辅助动作，按动作顺序，用规定的标准指令、格式，编写成数控机床的加工程序，并经过检验和修改后，制成控制介质的整个过程称为数控加工的程序编制，简称数控编程。使用数控机床加工零件时，程序编制是一项重要的工作。迅速、正确而经济地完成程序编制工作，对于有效地使用数控机床是具有决定意义的。

2. 数控编程的内容和工作过程

如图 1-9 所示，数控程序的编制应该有如下几个过程：

（1）分析零件图、确定工艺过程　要分析零件的材料、形状、尺寸、精度及毛坯形状和热处理要求等，以便确定加工该零件的设备甚至要确定在某台数控机床上加工该零件的哪些工序或哪几个表面。确定零件的加工方法、加工顺序、走刀路线、装夹定位方法、刀具及合理的切削用量等工艺参数。

（2）数值计算　根据零件图和确定的加工路线，计算数控机床所需输入数据，如零件

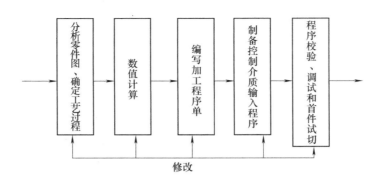

图 1-9　数控编程的内容和步骤

轮廓基点坐标、节点坐标等的计算。

（3）编写加工程序单　根据加工工艺路线、零件轮廓数据和已确定的切削用量，按照数控系统规定的程序段格式编写零件加工程序单。此外，还应填写有关的工艺文件，如数控加工工序卡片、数控刀具卡片、工件安装和零点设定卡片等。

（4）制备控制介质输入程序　按加工程序单将程序内容记录在控制介质（如穿孔纸带、磁盘等）上作为数控装置的输入信息。输入程序有手动数据输入、介质输入、通信输入等方式。

（5）程序校验、调试和首件试切　可通过模拟软件来模拟实际加工过程，或将程序输入到机床数控装置后进行空运行，或通过首件试加工等多种方式来检验所编制的程序。若发现错误则应及时修正，直到程序正确无误为止。

3. 数控编程方法

数控程序的编制方法有手工编程和自动编程两种。

（1）手工编程　从分析零件图及确定工艺过程、数值计算、编写加工程序单、制备控制介质输入程序直至程序的校验等各个步骤均由人工完成，即手工编程。对于点位加工或几何形状不太复杂的零件来说，编程计算较简单，程序量不大，可采用手工编程实现。这时，手工编程显得经济而且便捷。对于轮廓形状复杂的零件，计算工作量大且非常复杂，手工编程困难甚至无法实现，则必须采用自动编程的方法。

（2）自动编程　编程工作的大部分或全部由计算机完成的过程称为自动编程，或称为计算机辅助编程。按照计算机辅助编程输入方式的不同，可分为语言输入方式和图形输入方式两种。语言输入方式是指加工零件的几何尺寸、工艺方案、切削参数等用数控语言编写成源程序后，输入到计算机或编程机中，用相应软件处理后得到零件加工程序的编程方式，如美国的 APT 系统等。图形输入方式是指将被加工零件的几何图形及相关信息直接输入到计算机并在显示器上显示出来，通过相应 CAD/CAM 软件，经过人与计算机图形交互处理，最终得到零件的加工程序。随着计算机技术的不断发展，CAD/CAM 软件技术体现出了更大的优越性。因此，它成为了现代数控加工编程的主流技术。目前，常见的 CAD/CAM 一体化软件有 CATIA、UG、Pro/E、MasterCAM、Solidworks、CAXA 制造工程师等。

自动编程的特点就在于编程效率高，减少编程误差，可解决复杂形状零件的编程难题，降低编程费用。

1.1.6　数控技术的发展趋势

1. 数控系统的发展趋势

（1）开放式数控系统　开放式数控系统就是数控系统的开发可以在统一的运行平台上，面向机床厂家和用户，其硬件、软件和总线规范都是对外开放的。通过改变、增加或裁减结构对象（数控功能），形成不同品种、不同档次的系列化的数控系统，为用户的二次开发带来极大的方便，用户可通过升级或组合来构成不同档次的数控系统，通过扩展构成不同类型数控机床的数控系统。开放式体系结构的数控系统可以采用大量的通用计算机的先进技术，解决了数控系统封闭性问题，系统集成度更高，增强了通信功能，提高了进线、联网能力。数控系统开放式体系已成为数控系统的发展方向。

（2）数控系统的智能化　数控系统的控制性能已趋向智能化方向发展，21 世纪的 CNC 系统将是一个高度智能化的系统，新一代数控系统在局部或全部实现加工过程的自适应、自诊断和自调整控制；可实现三维刀具补偿、运动参数自动补偿等功能；多媒体人机接口可使用户操作简单，人机界面交流极为友好；智能编程可实现加工数据、工艺参数的自动生成；智能数据库、智能监控、三维加工模拟功能及采用专家系统以降低对操作者的要求；伺服系统智能化的主轴交流驱动和智能化进给伺服装置；能自动识别负载并自动优化、调整参数等。

2. 数控机床的发展趋势

（1）高可靠性　数控机床的可靠性是数控机床产品质量的一项关键性指标。数控机床能否发挥其高性能、高精度、高效率，并获得良好的效益，关键取决于可靠性。近些年来，已在数控机床产品中应用了可靠性技术，并取得了明显的进展。

衡量可靠性重要的量化指标是平均无故障工作时间（MTBF），作为数控机床的大脑——数控系统的 MTBF 值已由 20 世纪 70 年代的大于 3000h、20 世纪 80 年代的大于 10000h，提高到 20 世纪 90 年代初的大于 30000h。据日本近期介绍，FANUC 公司的 CNC 系统已达到 MTBF≈125 个月。数控机床整机的可靠性水平也有显著的提高。

（2）高速、高效化　受高生产率的驱使，高速化已是现代机床技术发展的重要方向之一。高速切削可通过高速运算技术、快速插补运算技术、超高速通信技术和高速主轴等技术来实现，其特点就是"高转速、小吃深、快走刀"。

提高主轴转速可减少切削力，减小切削深度，有利于克服机床振动，传入零件中的热量可大大减低，排屑加快，热变形减小，加工精度和表面质量得到显著改善。因此，经高速加工的工件一般不需要精加工。近 10 年来，主轴转速已翻了几番。20 世纪 80 年代中期，中等规格的加工中心主轴最高转速为 4000～6000r/min，90 年代初期提高到 8000～12000r/min，目前，有的已达到 10 万 r/min 以上。

（3）高精度化　高精度化一直是数控机床技术发展追求的目标。它包括机床制造的几何精度和机床使用的加工精度控制两方面。

提高机床的加工精度，一般是通过减少数控系统误差，提高数控机床定位精度、基础大件结构特性和热稳定性，采用补偿技术和辅助措施来达到的。目前精密加工精度已提高到 0.1μm，并进入了亚微米级。

（4）高柔性化　柔性是指机床适应加工对象变化的能力。目前，在进一步提高单机柔性自动化加工的同时，正努力向单元柔性和系统柔性化发展。体现系统柔性化的 FMC（柔性制造单元）、FMS（柔性制造系统）和 CIMS（计算机集成制造系统）发展迅速。

（5）高复合化　复合化包含工序复合化和功能复合化。工件在一台设备上一次装夹后，通过自动换刀等各种措施，来完成多种工序的加工。在一台数控设备上能完成多工序切削加工（如车、铣、镗、钻等）的加工中心，可以替代多台机床和多次装夹的加工，既能减少装卸时间，省去工件搬运时间，提高每台机床的加工能力，减少半成品库存量，又能保证和提高形位精度，从而打破了传统的工序界限和分散加工的工艺规程。从近期发展趋势看，加工中心主要是通过主轴的立-卧自动转换和数控工作台来完成五面和任意方位上的加工。此外，还出现了与车削或磨削复合的加工中心等。

另外，复合化还体现在 CNC 系统与加工过程作为一个整体，实现了机、电、液、气、光、声等综合控制，使测量造型、加工一体化、实时检测与修正一体化，机床主机设计与数控系统设计一体化。

（6）网络化　实现多种通信协议，既满足单机需要，又能满足 FMS、CIMS 对基层设备的控制要求。配置网络接口，通过 Internet 可实现远程监视和控制加工，进行远程检测和诊断，使维修变得简单。建立分布式网络化制造系统，可便于形成"全球制造"。

1.2　数控编程基本知识

1.2.1　字的概念和功能指令

字即指令字，也称为功能字，由地址符和数字组成，是组成数控程序的最基本的单元。不同的地址符及其后续数字表示了不同的指令字及含义。例如，G01 是一个指令字，表示直线插补功能，G 为地址符，数字 01 为地址中的内容；X － 200. 是一个指令字，表示 X 轴坐标为 － 200mm，X 为地址符，数字 － 200. 为地址中的内容。常用的地址符及其含义见表 1-1。

表 1-1　常用地址符及其含义

机　能	地　址　码	说　明
程序号	O、%、P	程序编号
程序段号	N	程序段号地址
坐标字	X、Y、Z、U、V、W、P、Q、R	直线坐标轴
	A、B、C、D、E	旋转坐标轴
	R	圆弧半径
	I、J、K	圆弧中心坐标
准备功能	G	指令机床动作方式
辅助功能	M	机床辅助动作指令
补偿值	H、D	补偿值地址
进给功能	F	指定进给速度
主轴功能	S	指定主轴转速
刀具功能	T	指定刀具编号
暂停功能	P、X	指定暂停时间
重复次数	L	指定子程序及固定循环的重复次数

一个指令字表达了一个特定的功能含义。在实际工作中，应根据不同的数控系统说明书来使用各个功能指令。

（1）程序名功能字　程序名又称为程序号，每一个独立的程序都应有程序名，可作为识别、调用该程序的标志。程序名一般由程序名地址符（字母）和 1~4 位数字构成，不同的数控系统程序名地址符所用字母可能不同。例如，FANUC 系统用"O"，华中系统则用"%"，具体可参阅机床使用说明书。

（2）程序段号功能字 N　程序段号用来表示程序段的序号，由地址符 N 和后续数字组成，如 N10。数控加工中的顺序号实际上是程序段的名称，与程序执行的先后次序无关。数控系统不是按程序段号的次序来执行程序，而是按照程序段编写时的排列顺序逐段执行。一般情况下，程序段号应按一定的增量间隔顺序编写，以便程序的检索、编辑、检查和校验等。

（3）坐标功能字　坐标字用于确定机床在各种坐标轴上移动的方向和位移量，由坐标地址符和带正、负号的数字组成。例如，X-50.0 表示坐标位置是 X 轴负方向 50mm。坐标地址字符较多（见表 1-1），其具体含义见后续章节内容。

（4）准备功能字 G　准备功能字的地址符是 G，后跟两位数字组成，准备功能字简称 G功能、G 指令或 G 代码，它是使机床或数控系统建立起某种加工方式的指令。G 指令从 G00至 G99 共有 100 种。表 1-2 为 FANUC 0i 数控铣床系统常用的 G 代码的定义。

表 1-2　FANUC 0i 数控铣床系统常用 G 功能指令

代码	组	意　义	代码	组	意　义	代码	组	意　义
* G00	01	快速点定位	* G40	07	取消刀具半径补偿	G81	09	钻孔循环
G01		直线插补	G41		刀具半径左补偿	G82		钻孔循环
G02		顺时针圆弧插补	G42		刀具半径右补偿	G83		啄式钻深孔循环
G03		逆时针圆弧插补	G43	08	刀具长度正补偿	G84		攻螺纹循环
G04	00	暂停延时	G44		刀具长度负补偿	G85		镗孔循环
* G17	02	选择 XY 平面	* G49		取消刀具长度补偿	G86		镗孔循环
G18		选择 XZ 平面	G52	00	局部坐标系设置	G87		背镗循环
G19		选择 YZ 平面	G54 ~ G59	14	零点偏置	G88		镗孔循环
G20	06	英制单位				G89		镗孔循环
* G21		米制单位	G73	09	高速深孔钻削固定循环	* G90	03	绝对坐标编程
G27	00	参考点返回检查				G91		增量坐标编程
G28		返回参考点	G74		左旋攻螺纹循环	G92	00	工件坐标系设定
G29		从参考点返回	G76		精镗循环	* G98	10	返回初始点
G30		返回第二参考点	* G80		钻孔循环取消	G99		返回 R 点

注：1. 表内 00 组为非模态指令；其他组为模态指令。
　　2. 标有 * 的指令为默认指令，即数控系统通电启动后的默认状态。

　　G 指令分为模态指令（又称续效指令）和非模态指令（又称非续效指令）两类。模态指令表示该指令在一个程序段中一旦出现，后续程序段中一直有效，直到有同组中的其他 G

指令出现时才失效。同一组的模态指令在同一个程序段中不能同时出现，否则只有后面的指令有效，而非同一组的 G 指令可以在同一程序段中同时出现。非模态 G 指令只在该指令所在程序段中有效，而在下一程序段中便失效。

（5）辅助功能字 M　　辅助功能字的地址符是 M，辅助功能指令简称 M 功能、M 指令或 M 代码。它由地址码 M 和两位数字组成，从 M00 到 M99，共有 100 种。它是控制机床辅助动作的指令，主要用于指定主轴的起动、停止、正转、反转，切削液的开、关，夹具的夹紧、松开，刀具更换，排屑器开、关等。M 指令也有模态指令和非模态指令两类。

（6）进给功能字 F　　进给功能指令用来指定刀具相对于工件的进给速度，是模态指令，单位一般为 mm/min，它以地址符 F 和后续数字表示。例如，程序段"N10　G01　X50.0　Y0　F100;"中 F100 表示刀具的进给速度是 100mm/min。当进给速度与主轴转速有关时即用进给量来表示刀具移动的快慢时，单位为 mm/r。当加工螺纹时，F 可用来指定螺纹的导程。

（7）主轴转速功能字 S　　主轴转速功能指令用来指定主轴的转速，是模态指令，单位为 r/min。它以地址符 S 和后续数字表示。例如，S1500 表示主轴转速为 1500r/min。有恒线速度功能的数控系统也可用 S 表示切削线速度，单位为 m/min。加工中主轴的实际转速常用数控机床操作面板上的主轴速度倍率开关来调整。

（8）刀具功能字 T　　刀具功能指令用以选择所需的刀具号和刀补号，是模态指令。它以地址符 T 和后续数字表示，数字的位数和定义由不同的机床自行确定，一般用两位或四位数字来表示。例如，T0101 表示选 1 号刀具且采用 1 号刀补值；或用 T33 表示选 3 号刀具且采用 3 号刀补值。

1.2.2　程序格式

1. 程序的结构

一个完整的零件加工程序都由程序名、程序内容和程序结束指令三部分构成。程序内容由若干个程序段组成，每个程序段由若干个指令字组成，每个指令字又由字母、数字、符号组成。加工程序的结构如下：

O1001　　　　　　　　　　　　　　　　　　　//程序名
N10　G54　G90　G40　G00　Z100.0;
N20　M03　S1500;
N30　G00　X100.0　Y100.0;　　　　　　　　　//程序内容
　⋮
N100　M05;
N110　M02;　　　　　　　　　　　　　　　　//程序结束指令

（1）程序名　　"O1001"是此程序的程序名。每一个独立的程序都应有程序名，它可作为识别、调用该程序的标志。编程时一定要根据说明书的规定使用，一般要求单列一段，否则系统是不会接受的。

（2）程序内容　　程序内容是由若干个程序段组成的，每个程序段一般占一行，表示一个完整的加工动作。

（3）程序结束指令　　程序结束指令可以用 M02 或 M30，作为整个程序结束的标志，一般要求单列一段。

2. 程序段格式

程序段格式是指一个程序段中字的排列顺序和表达方式。数控系统曾用过的程序段格式有三种：固定顺序程序段格式、带分隔符的固定顺序（也称表格顺序）程序段格式和字地址程序段格式，目前数控系统广泛采用的是字地址程序段格式。

字地址程序段格式也称为字地址可变程序段格式。这种格式的程序段，其长短、字数和字长（位数）都是可变的，字的排列顺序没有严格要求，不需要的字以及与上一程序段相同的续效字可以不写。这种格式的优点是程序简短、直观、可读性强、易于检验、修改，因此现代数控机床广泛采用这种格式。

程序段可以认为是由程序段号、若干个程序指令字和程序段结束符组成，而指令字又由地址码和数字及代数符号组成，各指令字可根据需要选用，不用的可省略。

字地址程序段的一般格式为

$$\underset{\substack{\text{程}\\\text{序}\\\text{段}\\\text{号}\\\text{字}}}{\text{N}\_\_} \quad \underset{\substack{\text{准}\\\text{备}\\\text{功}\\\text{能}\\\text{字}}}{\text{G}\_\_} \quad \underbrace{\underset{\text{尺寸字}}{\text{X}\_\_ \quad \text{Y}\_\_ \quad \text{Z}\_\_}}\cdots \underset{\substack{\text{进}\\\text{给}\\\text{功}\\\text{能}\\\text{字}}}{\text{F}\_\_} \quad \underset{\substack{\text{主}\\\text{轴}\\\text{转}\\\text{速}\\\text{功}\\\text{能}\\\text{字}}}{\text{S}\_\_} \quad \underset{\substack{\text{刀}\\\text{具}\\\text{功}\\\text{能}\\\text{字}}}{\text{T}\_\_} \quad \underset{\substack{\text{辅}\\\text{助}\\\text{功}\\\text{能}\\\text{字}}}{\text{M}\_\_} \quad \underset{\substack{\text{程}\\\text{序}\\\text{段}\\\text{结}\\\text{束}\\\text{符}}}{;}$$

3. 主程序与子程序

机床的加工程序可以分为主程序和子程序。主程序是指一个完整的零件加工程序，其结构如前所示，程序结束指令为 M02 或 M30。

在编制零件加工程序时，有时会遇到一组程序段在一个程序中多次出现，或者在几个程序中都要使用它。这组典型的程序段可以按一定格式编成一个固定程序体，并单独加以命名，这个程序体就称为子程序。子程序不可以作为独立的加工程序使用，只能通过主程序调用，实现加工中的局部动作。子程序的指令格式如下：

格式一 M98 P×××× L××××；

其中地址 P 后的四位数字为子程序号，地址 L 后的四位数字为重复调用的次数。子程序号及调用次数有效数字前的 0 可以省略。如果只调用一次，则地址 L 及其后的数字可以省略。

格式二 M98 P××××××；

地址 P 后为 6 位数字，前两位为调用次数，省略时为调用一次；后四位为所调用的子程序号。

指令应用提示如下：

1）如果是格式一，则子程序号与调用次数很明确。例如，"M98 P123 L2；"为调用子程序 O123 两次。

2）如果是格式二，则看地址 P 后数字的位数。位数 ≤4 位时，此数字表示子程序号；位数 >4 位时，后四位为子程序号，子程序号之前的数字为调用次数。例如，"M98 P50321；"表示调用子程序 O321 五次；而"M98 P321；"表示调用子程序 O321 一次。

　　子程序可以被主程序多次调用，称为重复调用，一般重复调用次数可以达到 9999 次。同时子程序也可以调用另一个子程序，称为子程序的嵌套，一般嵌套次数不超过 4 级。

　　【例 1-1】　主程序 O0001 调用子程序 O1000 两次，且子程序 O1000 调用（1 级嵌套）子程序 O2000。

　　解：程序结构及执行路线如图 1-10 所示。

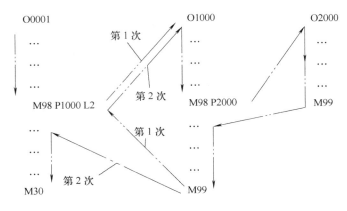

图 1-10　子程序的调用与嵌套

1.2.3　数控机床的坐标系

　　1. 坐标轴及其运动方向的规定

　　（1）坐标系　机床的一个直线进给运动或一个旋转进给运动定义一个坐标轴。我国标准 GB/T 19660—2005 与国际标准 ISO 841：2001 等效，其中规定数控机床的坐标系采用右手笛卡儿坐标系统，即直线进给运动用直角坐标系 X、Y、Z 表示，常称为基本坐标系。X、Y、Z 坐标的相互关系用右手定则确定，拇指为 X 轴，食指为 Y 轴，中指为 Z 轴，三个手指自然伸开，互相垂直，其各手指指向为各轴正方向，并分别用 $+X$、$+Y$、$+Z$ 来表示。围绕 X、Y、Z 轴旋转的转动轴分别用 A、B、C 坐标表示，其正向根据右手螺旋定则确定，拇指指向 X、Y、Z 轴的正方向，四指弯曲的方向为各旋转轴的正方向，并分别用 $+A$、$+B$、$+C$ 来表示，如图 1-11 所示。

　　数控机床的进给运动是相对运动，有的是刀具相对于工件的运动，有的是工件相对于刀具的运动。为了使编程人员能在不知道刀具相对于工件运动还是工件相对于刀具运动的情况下，按零件图要求编写出加工程序，上述坐标系是假定工件不动，刀具相对于工件作进给运动的坐标系。如果是刀具不动，而是工件运动时的坐标，则用加 "′" 的字母表示。工件运动的坐标系正方向与刀具运动的坐标系的正方向相反。两者的加工结果是一样的。因此，编程人员在编写程序时，均采用工件不动，刀具相对移动的原则编程，不必考虑数控机床的实际运动形式。

　　（2）机床坐标轴的确定方法

　　1）首先确定 Z 坐标。规定传送切削动力的主轴作为 Z 坐标轴，取刀具远离工件的方向为正方向（$+Z$）。对于没有主轴的机床（如刨床），则规定垂直于工件装夹表面的坐标为 Z 坐标。如果机床上有几根主轴，则选垂直于工件装夹表面的一根主轴作为主要主轴。Z 坐标

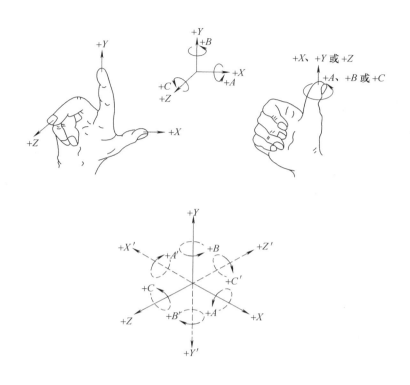

图 1-11 右手笛卡儿坐标系

即为平行于主要主轴轴线的坐标。

2）确定 *X* 坐标。规定 *X* 坐标轴为水平方向，且垂直于 *Z* 轴并平行于工件的装夹面。对于工件旋转的机床（如车床、外圆磨床等），*X* 坐标的方向是在工件的径向上，且平行于横向滑座。同样，取刀具远离工件的方向为 *X* 坐标的正方向。对于刀具旋转的机床（如铣床、镗床等），则规定：当 *Z* 轴为水平时，从刀具主轴后端向工件方向看，向右方向为 *X* 轴的正方向；当 *Z* 轴为垂直时，对于单立柱机床，面对刀具主轴向立柱方向看，向右方向为 *X* 轴的正方向。

3）确定 *Y* 坐标。*Y* 坐标垂直于 *X*、*Z* 坐标。在确定了 *X*、*Z* 坐标的正方向后，可按右手定则确定 *Y* 坐标的正方向。

4）确定 *A*、*B*、*C* 坐标。*A*、*B*、*C* 坐标分别为绕 *X*、*Y*、*Z* 坐标的回转进给运动坐标。在确定了 *X*、*Y*、*Z* 坐标的正方向后，可按右手定则来确定 *A*、*B*、*C* 坐标的正方向。

5）附加运动坐标。*X*、*Y*、*Z* 为机床的主坐标系或称第一坐标系。例如，除了第一坐标系以外还有平行于主坐标系的其他坐标系，则称之为附加坐标系。附加的第二坐标系命名为 *U*、*V*、*W*。第三坐标系命名为 *P*、*Q*、*R*。第一坐标系是指与主轴最接近的直线运动坐标系，稍远的即为第二坐标系。若除了 *A*、*B*、*C* 第一回转坐标系以外，还有其他的回转运动坐标，则命名为 *D*、*E* 等。

图 1-12 ～图 1-15 分别给出了几种典型机床标准坐标系简图。

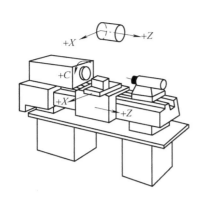

图 1-12　卧式数控车床坐标系

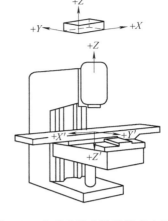

图 1-13　立式升降台数控铣床坐标系

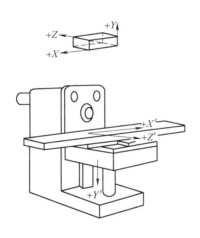

图 1-14　卧式升降台数控铣床坐标系

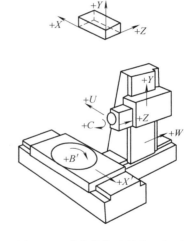

图 1-15　卧式数控镗铣床坐标系

2. 机床坐标系

机床坐标系是机床上固有的坐标系，机床坐标系的原点也称机床原点、机械原点，用"M"表示，如图 1-16 所示。它是由机床生产厂家在机床出厂前设定好的，在机床上的固有的点，它是机床生产、安装、调试时的参考基准，不能随意改变。例如，数控车床的机床原点大多定在主轴前端面的中心处；数控铣床的机床原点大多定在各轴进给行程的正极限点处（也有个别会设定在负极限点处）。机床坐标系是通过回参考点操作来确立的。

3. 参考坐标系

参考坐标系是为确定机床坐标系而设定的机床上的固定坐标系，其坐标原点称为参考点，参考点位置一般都在机床坐标系正向的极限位置处。

参考点可以与机床坐标原点不重合（如数控车床），也可以与机床原点重合（一般是数控铣床），是用于对机床工作台（或滑板）与刀具相对运动的测量系统进行定标与控制的点，一般都是设定在各轴正向行程极限点的位置上，用"R"表示，如图 1-16 所示。机床坐标系就是通过回参考点操作来确立的。参考点的位置是在每个轴上用挡块和限位开关精确地预先调整好的，它相对于机床原点的坐标是一个已知数，一个固定值。每次开机后，或因意外断电、急停等原因停机而机床重新起动时，都必须先让各轴返回参考点，进行一次位置校准，以消除机床位置误差。

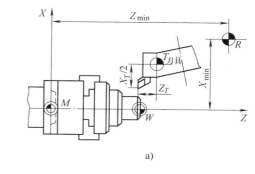

a)

4. 工件坐标系

工件坐标系是编程人员在编程时使用的坐标系，也称编程坐标系或加工坐标系。工件坐标系原点称为工件原点或编程原点，用"W"表示。工件坐标系由编程人员根据零件图样自行确定的，对于同一个加工工件，不同的编程人员可能确定的工件坐标系会不相同。

工件原点设定一般原则如下：

1）工件原点应选在零件图样的尺寸基准上。这样可以直接用图样标注的尺寸，作为编程点的坐标值，减少数据换算的工作量。

2）能方便地装夹、测量和检验工件。

3）尽量选在尺寸精度高、表面粗糙度值比较小的工件表面上，这样可以提高工件的加工精度和同一批零件的一致性。

4）对于有对称几何形状的零件，工件原点最好选在对称中心点上。

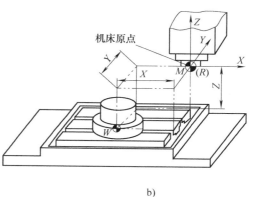

b)

图 1-16　数控机床坐标系及原点
a）数控车床　b）数控铣床

车床的工件原点一般设在主轴中心线上，大多定在工件的左端面或右端面。铣床的工件原点，一般设在工件外轮廓的某一个角上或工件对称中心处，背吃刀量方向上的零点，大多取在工件上表面，如图 1-16 所示。对于形状较复杂的工件，有时为编程方便可根据需要通过相应的程序指令随时改变新的工件坐标原点。对于在一个工作台上装夹加工多个工件的情况，在机床功能允许的条件下，可分别设定编程原点独立地编程，再通过工件原点预置的方法在机床上分别设定各自的工件坐标系。

5. 绝对坐标编程和相对坐标编程

数控编程通常都是按照组成图形的线段或圆弧的端点的坐标来进行的。当运动轨迹的终点坐标是相对于线段的起点来计量时，称之为相对坐标或增量坐标表达方式。若按这种方式进行编程，则称之为相对坐标编程。当所有坐标点的坐标值均从某一固定的坐标原点计量时，就称之为绝对坐标表达方式，按这种方式进行编程即为绝对坐标编程。

【例 1-2】　要使刀具从图 1-17 中的 A 点运动到 B 点。

解：用绝对坐标编程时，A 点坐标为（30，35），B 点坐标为（12，15），则程序为"G00　X12.　Y15."。

用相对坐标编程时，B 点相对于 A 点的坐标为 （ -18，-20），则程序为"G00　X $-$ 18. Y -20. ;"

采用绝对坐标编程时，程序指令中的坐标值随着程序原点的不同而不同；而采用相对坐标编程时，程序指令中的坐标值则与程序原点的位置没有关系。同样的加工轨迹，既可用绝对编程，也可用相对编程。采用恰当的编程方式可以大大简化程序的编写。

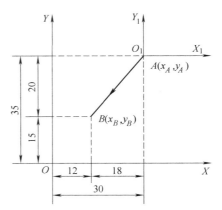

图 1-17　绝对坐标和相对坐标

1.2.4　数控编程中的数学处理

1. 基点的计算

零件的轮廓是许多不同的几何元素组成的，如直线、圆弧、二次曲线等。基点就是构成零件轮廓几何元素的起点、终点、圆心以及各相邻几何元素之间的交点或切点等。基点坐标是编程中非常重要的数据，一般来说，基点的坐标根据图样给定的尺寸，利用一般的解析几何或三角函数关系便可求得。

图 1-18 所示的 A、B、C、D、E 各点为零件的基点，A、B、D、E 的坐标值根据图样中标注的尺寸很容易得到，C 点是直线和圆弧的切点，其坐标值需建立方程求解。

以 B 点为计算坐标系原点，建立下列方程：

直线方程 $$Y = X\tan(\alpha + \beta)$$
圆弧方程 $$(X - 80)^2 + (Y - 14)^2 = 30^2$$

可求得 C 点坐标为 （64.278，39.550），换算成编程用的以 A 点为原点的坐标值，则得 C（64.278，51.550）。可以看出基点的计算很复杂，为了提高编程效率，一般都利用 CAD/CAM 绘图软件查询点的坐标功能来方便求得原点。

2. 节点的计算

数控系统一般只有直线及圆弧插补功能。若零件轮廓不是由直线和圆弧组成，而是非圆曲线时，则要用直线段或圆弧段拟合的方式去逼近轮廓曲线，逼近线段与被加工曲线的交点称为节点，如图 1-19 所示的 A、B、C、D、E 各点，故要进行相应的节点计算。

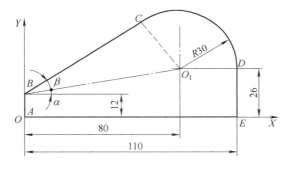

图 1-18　零件的基点

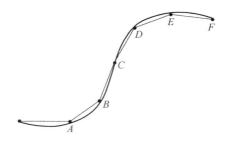

图 1-19　零件轮廓的节点

　　节点计算的方法很多，一般可根据轮廓曲线的特性、数控系统的插补功能及加工要求的精度而定。

　　手工编程中，常用的逼近计算方法有等间距直线逼近法、等弦长直线逼近法及三点定圆法等。等间距直线逼近法是在一个坐标轴方向，将需逼近的轮廓进行等分，再对其设定节点，然后进行坐标值计算。等弦长直线逼近法是设定相邻两点间的弦长相等，再对该轮廓曲线进行节点坐标值计算。三点定圆法是一种用圆弧逼近非圆曲线时常用的计算方法，其实质是先用直线逼近方法计算出轮廓曲线的节点坐标，然后再通过连续的三个节点作圆，用一段段圆弧逼近曲线。

　　（1）等间距直线逼近法的节点计算　等间距直线逼近法的节点计算方法比较简单，其特点是使每个程序段的某一坐标增量相等，然后根据曲线的表达式求出另一坐标值，即可得到节点坐标。在直角坐标系中，可使相邻节点间的 X 坐标增量或 Y 坐标增量相等；在极坐标中，使相邻节点间的转角坐标增量或径向坐标增量相等。计算方法如图 1-20 所示。

　　由起点开始，每次增加一个坐标增量 ΔX，得到 X_1，将 X_1 代入轮廓曲线方程 $Y = f(X)$，即可求出 A_1 点的 Y_1 坐标值。X_1，Y_1 即为逼近线段的终点坐标

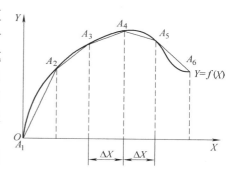

图 1-20　等间距法直线逼近求节点

值。如此反复，便可求出一系列节点坐标值。这种方法的关键是确定间距值，该值应保证曲线 $Y = f(X)$ 相邻两节点间的法向距离小于允许的程序编制误差，即 $\delta \leqslant \delta_{允}$，允许误差一般为零件公差的 1/10 ~ 1/5。在实际生产中，常根据加工精度要求和经验选取间距值。

　　（2）等弦长直线逼近法的节点计算　这种方法是使所有逼近线段的弦长相等，如图 1-21 所示。由于轮廓曲线 $Y = f(X)$ 各处的曲率不等，因而各程序段的插补误差 δ 不等。所以编程时必须使产生的最大插补误差小于允许的插补误差，以满足加工精度的要求。在用直线逼近曲线时，一般认为误差的方向是在曲线的法线方向，同时误差的最大值产生在曲线的曲率半径最小处。

　　（3）等误差直线逼近法的节点计算　等误差直线逼近法的特点是使零件轮廓曲线上各逼近线段的插补误差 δ_i 相等，并小于或等于 $\delta_{允}$，如图 1-22 所示。用这种方法确定的各逼近线段的长度不等。

　　在上述方法中，等误差直线逼近法的程序段数目最少，但其计算比较繁琐。

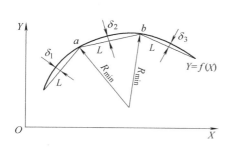

图 1-21　等弦长法直线逼近求节点

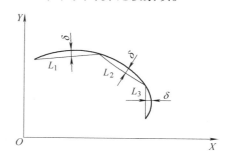

图 1-22　等误差法直线逼近求节点

1.3　数控加工工艺基础

1.3.1　数控加工的刀具及其选用

1. 常用刀具材料

刀具材料的种类很多，常用的有工具钢（包括碳素工具钢、合金工具钢和高速钢）、硬质合金、陶瓷、金刚石和立方氮化棚等。碳素工具钢和合金工具钢因耐热性较差，故只适宜做手工刀具。陶瓷、金刚石和立方氮化珊由于质脆、工艺性差及价格昂贵等原因，因而仅在较小的范围内使用。目前最常用的刀具材料是高速钢和硬质合金。

（1）高速钢　高速钢是在合金工具钢中加入较多的钨、钼、铬、钒等合金元素的高合金工具钢。它具有较高的强度、韧性和耐热性，是目前应用最广泛的刀具材料。因刃磨时易获得锋利的刃口，故高速钢又称锋钢或白钢。

高速钢按用途不同，可分为普通高速钢和高性能高速钢。

1）普通高速钢具有一定的硬度（62～67HRC）和耐磨性、较高的强度和韧性，切削钢料时切削速度一般不高于60m/min，不适合高速切削和硬材料的切削。常用的普通高速钢牌号有W18Cr4V、W6Mo5Cr4V2。其中，W18Cr4V具有较好的综合性能，可用于制造各种复杂刀具；W6Mo5Cr4V2的强度和韧性高于W18Cr4V，并具有热塑性好和磨削性能好等优点，但热稳定性低于W18Cr4V，常用于制造麻花钻。

2）在普通高速钢中增加碳、钒或加入一些其他合金元素（如钴、铝等）而得到耐热性、耐磨性更高的高性能高速钢，它能在630～650℃时仍保持60HRC的硬度。这类高速钢刀具主要用于加工奥氏体不锈钢、高强度钢、高温合金、钛合金等难加工的材料。这类钢的综合性能不如普通高速钢，不同的材料只有在各自规定的切削条件下才能达到良好的加工效果，因此其使用范围受到限制。常用的高性能高速钢牌号有W3Mo3Cr4V2、W6Mo5Cr4V3及W6Mo5Cr4V2Al等。

（2）硬质合金　硬质合金是由硬度和熔点都很高的碳化物（WC、TiC、TaC、NbC等），用Co、Mo、Ni作粘结剂烧结而成的粉末冶金制品。其常温硬度可达78～82HRC，能耐850～1000℃的高温，切削速度比高速钢高4～10倍，但其冲击韧度与抗弯强度远比高速钢差，因此很少做成整体式刀具。实际使用中常将硬质合金刀片焊接或用机械夹固的方式固定在刀体上。

我国目前生产的硬质合金主要分为以下三类。

1）K类（YG），即钨钴类硬质合金，由碳化钨和钴组成。这类硬质合金韧性较好，但硬度和耐磨性较差，适用于加工铸铁、青铜等脆性材料。常用的K类硬质合金牌号有YG8、YG6、YG3。它们制造的刀具依次适用于粗加工、半精加工和精加工。牌号中的数字表示Co含量的百分数，例如YG6即Co的质量分数为6%。含Co越多，则韧性越好。

2）P类（YT），即钨钴钛类硬质合金，由碳化钨、碳化钛和钴组成。这类硬质合金的耐热性和耐磨性较好，但抗冲击韧度较差，适用于加工钢料等韧性材料。常用的P类硬质合金牌号有YT5、YT15、YT30等，其中的数字表示碳化钛含量的百分数。碳化钛的含量越高，则耐磨性较好，韧性越低，这三种牌号的硬质合金制造的刀具分别适用于粗加工、半精加工和精加工。

表 1-3　各类刀具材料的主要性能和使用场合

类　型		硬　度	密度 /(g/cm³)	抗弯强度 /GPa	抗压强度 /GPa	冲击韧度 /(kJ/m)	导热系数 /(W/m℃)	耐热性 /℃	工　艺　范　围	使　用　场　合
碳素工具钢		63~65HRC (751~798HV)	7.6~7.8	2.2	4	—	41.8	200~250	可在冷热态下经塑性加工成型，切削加工和磨削工艺性好，需经热处理	仅用作少数手工刀具，如锉刀、丝锥、板牙、手工铰刀等
合金工具钢		63~66HRC (751~820HV)	7.7~7.9	2.4	4	—	41.8	300~400		用作手工低速刀具，如手用铰刀、丝锥、板牙等
高速钢 (W18Cr4V)		63~66HRC (751~820HV)	8.7	3.0~3.4	4	180~320	20.9	620	可经锻压各成形，切削加工性较好，磨削工艺性好（高钒类较差），需经热处理	广泛用于制造各种刀具，特别是要求较高的复杂、精密成形刀具，如钻头、铣刀、拉刀、螺纹刀具，齿轮刀具等
硬质合金	YG类	89.5HRA (1062HV)	14.6~15.0	1.45	4.6	30	79.4	800~1000	按粉末冶金工艺经压形烧结后使用，大多为定形刀片，不能用刀具切削加工	广泛用作大多数车刀、刨刀及镶齿铣刀、滚刀、丝锥、铰刀等的刀片，小直径钻头等制成整体
	YT类	90.5HRA (1106HV)	11.2~12.0	1.2	4.2	7	33.5			
陶瓷		91~94HRA (1128~1460HV)	3.3~4.5	0.65~0.75	3.6~5.0	4~5	19.2~38.2	>1200	不能用刀具切削加工，不需热处理	用作车刀刀片，适用于无冲击振动的连续高速车削
立方氮化硼		3400~7000HV	3.45	0.57~1.00	1.5	—	41.8	>1200	在高温高压下，经催化烧结成整体或复合刀片，不能用刀具切削加工，可用金刚石砂轮磨削	用于高硬度、高强度难切削（特别是铁族材料）的精加工，如切削淬硬钢、冷硬铸铁、高温合金等
金刚石	人造	6500~8000HV	—	2.8	4.2	—	100.0~108.7	700~800	可用天然金刚石砂轮磨削，刃磨很困难	多用于非铁铁金属及其合金的高速精细车削，如镜面车削；也可用于非铁族难切材料的加工
	天然	10000HV	3.47~3.56	0.21~0.49	2	—	146.5		只能经过研磨使用	

3）M 类（YW），即钨钴钛钽铌类硬质合金，在钨钴钛类硬质合金中加入少量的稀有金属碳化物（TaC 或 NbC）组成。它具有前两类硬质合金的优点，用其制造的刀具既能加工脆性材料，又能加工韧性材料，同时还能加工高温合金、耐热合金及合金铸铁等难加工的材料。常用的 M 类硬质合金牌号有 YW1、YW2。

（3）其他刀具材料

1）涂层硬质合金。这种材料是在韧性、强度较好的硬质合金基体上或高速钢基体上，采用化学气相沉积（CVD）法或物理气相沉积（PVD）法，涂覆一层极薄的、硬质和耐磨性极高的难熔金属化合物而得到的刀具材料。通过这种方法，使刀具既具有基体材料的强度和韧性，又具有很高的耐磨性。常用的涂层材料有 TiC、TiN、Al_2O_3 等。TiC 的韧性和耐磨性好；TiN 的抗氧化、抗粘结性好；Al_2O_3 的耐热性好。使用时可根据不同的需要选择涂层材料。

2）陶瓷。其主要成分是 Al_2O_3，刀片硬度可达 78HRC 以上，能耐 1200 ～ 1450℃ 的高温，故能承受较高的切削速度。但陶瓷的抗弯强度低，冲击韧度差，易崩刃。陶瓷刀具主要用于钢、铸铁、高硬度材料及高精度零件的精加工。

3）金刚石。金刚石分人造和天然两种，做切削刀具的材料大多数是人造金刚石，其硬度极高，可达 10000HV（硬质合金仅为 1300 ～ 1800HV）。金刚石的耐磨性是硬质合金的 80 ～ 120 倍，但韧性差，在一定温度下与铁族材料亲和力大，因此一般不宜加工钢铁材料，主要用于硬质合金、玻璃纤维塑料、硬橡胶、石墨、陶瓷、非铁金属等材料的高速精加工。

4）立方氮化硼（CNB）。这是人工合成的超硬刀具材料，其硬度可达 7300 ～ 9000HV，仅次于金刚石的硬度。立方氮化硼的热稳定性好，可耐 1300 ～ 1500℃ 高温，与铁族材料亲和力小，但强度低，焊接性差。目前主要用于加工淬火钢、冷硬铸铁、高温合金和一些难加工的材料。

各类刀具材料的主要性能和使用场合见表 1-3。

前面对常用刀具材料的性能及用途作了简要介绍，可供选用时参考。需要说明的是，选用刀具材料还应对其使用性能、工艺性能、价格等因素进行综合考虑，这样才能做到合理选用。例如，车削加工 45 钢自由锻齿轮毛坯时，由于工件表面不规则且有氧化皮，切削时冲击力大，因而选用韧性好的 K 类（钨钴类）硬质合金就比 P 类（钨钴钛类）的有利。又如，车削较短钢料的螺纹时，按理要用 P 类硬质合金，但由于车刀在工件切入处要受冲击，容易崩刃，因而一般采用 K 类硬质合金。虽然它的热硬性不如 P 类，但工件短，散热容易，热硬性就不是主要矛盾了。

2. 刀具几何角度的合理选择

以车刀为例，刀具几何角度如图 1-23 所示。

（1）前角的选择　前角主要影响切屑变形和切削力的大小、刀具寿命和加工

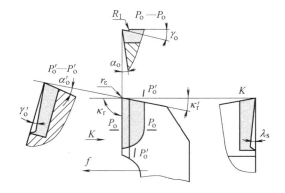

图 1-23　数控车刀的刀具角度参数

表面的质量。增大 γ_o，可减小切屑变形和摩擦。故切削力小，切削热少，加工表面质量高。但 γ_o 过大，降低切削刃强度，使散热体积减小，刀具寿命下降。减小 γ_o，刀具强度提高，切屑变形增大，易断屑。但 γ_o 过小，会使切削力和切削热增加，刀具寿命降低。对于数控机床和自动机、自动线，为保证刀具工作的稳定性（不发生崩刃和破损），通常选用较小的 γ_o。在一般情况下，前角 γ_o 主要根据被加工材料来选择。硬质合金车刀前角 γ_o 的选择参考值见表1-4。

表1-4　硬质合金车刀的合理前角参考值

工 件 材 料	合理前角/（°）		工 件 材 料	合理前角/（°）	
	粗车	精车		粗车	精车
低碳钢、Q235	18 ~ 20	20 ~ 25	40Cr（正火）	13 ~ 18	15 ~ 20
45钢（正火）	15 ~ 18	18 ~ 20	40Cr（调质）	10 ~ 15	13 ~ 18
45钢（调质）	10 ~ 15	13 ~ 18	40钢、40Cr钢锻件	10 ~ 15	
45钢、40Cr、铸钢件或钢锻件断续切削	10 ~ 15	5 ~ 10	淬硬钢（40 ~ 50HRC）	−15 ~ −5	
			灰铸铁断续切削	5 ~ 10	0 ~ 5
灰铸铁 HT150、HT200、青铜 ZQSn10-1、脆黄铜 HPb59-1	10 ~ 15	5 ~ 10	高强度钢（$\sigma_b < 180\text{MPa}$）	−5	
			高强度钢（$\sigma_b \geqslant 180\text{MPa}$）	−10	
铝1050A 及铝合金 2A12	30 ~ 35	35 ~ 40	锻造高温合金	5 ~ 10	
纯铜 T1 ~ T4	25 ~ 30	30 ~ 35	锻造高温合金	0 ~ 5	
奥氏体不锈钢（185HBW 以下）	15 ~ 25		钛及钛合金	5 ~ 10	
马氏体不锈钢（250HBW 以下）	15 ~ 25		铸造碳化钨	−10 ~ −15	
马氏体不锈钢（250HBW 以上）	−5				

（2）后角的选择　后角的主要作用是减小主后刀面与过渡表面的弹性回复层之间的摩擦，减轻刀具磨损。α_o 小，使主后刀面与工件表面的摩擦加剧，刀具磨损加大，工件冷硬程度增加，加工表面质量差，尤其当切削厚度较小时，上述情况更严重。α_o 增大，摩擦减小，也减小了刀口钝圆半径，这对切削厚度较小的情况有利，但使切削刃强度和散热情况变差。

硬质合金车刀后角参考值见表1-5。

表1-5　硬质合金车刀后角参考值

工 件 材 料	后角参考值/（°）		工 件 材 料	后角参考值/（°）	
	粗车	精车		粗车	精车
低碳钢	8 ~ 10	10 ~ 12	灰铸铁	4 ~ 6	6 ~ 8
中碳钢	5 ~ 7	6 ~ 8	铜及铜合金（脆）	4 ~ 6	6 ~ 8
合金钢	5 ~ 7	6 ~ 8	铝及铝合金	8 ~ 10	10 ~ 12
淬火钢	8 ~ 10		钛合金 $\sigma_b \leqslant 1.17\text{GP}_a$	10 ~ 15	
不锈钢	6 ~ 8	8 ~ 10			

（3）主偏角及副偏角的选择

1）主偏角的作用及选择原则。主偏角 κ_r 的作用是影响刀尖部分的强度、散热条件、背向力和进给力的比例等；当加工台阶或倒角时，还决定着工件表面的形状。减小 κ_r 会使刀尖强度增加，散热条件得到改善，背吃刀量减小，切削宽度增加，单位长度切削刃上的负荷减轻，这些都有利于提高刀具的寿命。而加大 κ_r，则有利于减小背向力，防止工件变形和减小加工中的振动。

主偏角主要根据工艺系统的刚度来选择。当工艺系统的刚性低（如车细长轴、薄壁套筒）时，须取较大的 κ_r，甚至取 $\kappa_r \geqslant 90°$，以减小背向力 F_p；工艺系统的刚性足够时，应采用较小的 κ_r 以提高刀具的寿命。例如，车削细长轴时，常取 $\kappa_r = 90°$；车削高强度、高硬度的冷硬轧辊时，常取 $\kappa_r \leqslant 15°$。

2）副偏角的作用及选择原则。副偏角 κ_r' 的作用主要是减少刀具副切削刃、副刀面与已加工表面的摩擦。减小 κ_r' 会使刀尖角加大，提高刀尖部分的强度，并且有利于降低残留面积的高度，降低已加工表面的表面粗糙度。但是，减小 κ_r' 时，会使刀具与工件之间的摩擦和背向力增加。增大 κ_r' 时，其结果正好相反。

硬质合金车刀主偏角和副偏角参考值见表1-6。

表1-6 硬质合金车刀后角参考值

工 件 材 料	后角参考值/(°)		工 件 材 料	后角参考值/(°)	
	粗车	精车		粗车	精车
低碳钢	8~10	10~12	灰铸铁	4~6	6~8
中碳钢	5~7	6~8	铜及铜合金(脆)	4~6	6~8
合金钢	5~7	6~8	铝及铝合金	8~10	10~12
淬火钢	8~10		钛合金 $\sigma_b \leqslant 1.17GP_a$	10~15	
不锈钢	6~8	8~10			

3. 刀具的结构类型及应用

（1）常用车刀 根据加工内容的不同，可以选择不同类型的车刀，如图1-24、图1-25所示。

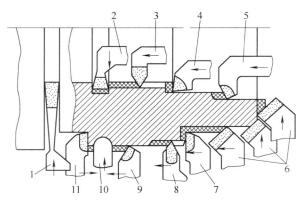

图1-24 按用途分类的车刀

1—车槽刀 2—内孔车槽刀 3—内螺纹车刀 4—闭孔车刀 5—通孔车刀 6—45°弯头车刀
7—90°车刀 8—外螺纹车刀 9—75°外圆车刀 10—成形车刀 11—90°左外圆车刀

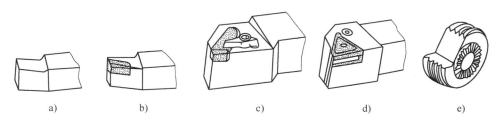

图 1-25　按结构分类的车刀

a）整体式车刀　b）焊接式车刀　c）机夹车刀　d）可转位车刀　e）成形车刀

（2）常用铣刀　常用铣刀类型及其应用如图 1-26 所示。

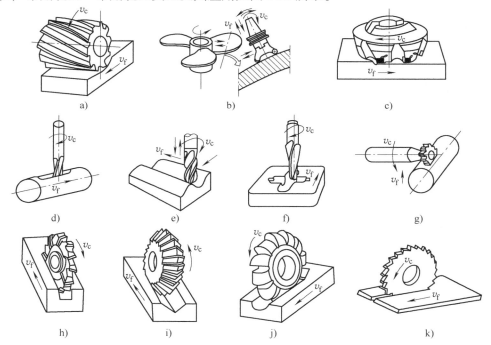

图 1-26　铣削加工应用

a）圆柱铣刀铣削平面　b）圆环铣刀加工曲面　c）面铣刀铣削平面　d）键槽铣刀铣削键槽
e）球铣刀加工曲面　f）锥形立铣刀加工型腔　g）三面刃铣刀铣削键槽　h）三面刃铣刀铣槽
i）角度铣刀铣削角度槽　j）成形铣刀加工成形面　k）锯片铣刀割断

1.3.2　切削用量及工艺参数的确定

切削用量是否合理，对加工质量、生产效率、生产成本等均有重要作用。因此，合理选择切削用量是切削加工的重要环节。

要想获得高的生产效率，应尽量增大切削用量。但在实际生产中，切削用量三要素 a_p、f、v_c 值的选用大小受到切削力、切削功率、加工表面粗糙度的要求及刀具寿命等因素的影响和限制。因此，数控加工中合理的切削用量是指在保证加工质量和刀具寿命的前提下，充分发挥机床性能和刀具切削性能，使切削效率最高，加工成本最低。

1. 切削用量选择原则

（1）粗加工切削用量　粗加工是以高效切除加工余量为主要目的，因此，在保证刀具寿命的前提下，尽可能采用较大的切削用量。因为，切削用量对刀具寿命的影响顺序是切削速度 v_c 最大，进给量 f 次之，背吃刀量 a_p 最小。所以，选择切削用量时应在机床功率和工艺系统刚性足够的前提下，首先采用大的背吃刀量 a_p，其次采用较大的进给量 f，最后根据刀具寿命选择合理切削速度 v_c。

（2）精加工（半精加工）切削用量　精加工时的加工余量较少，而工件的尺寸精度、表面粗糙度要求较高。当 a_p 和 f 太大或太小时，都使加工的表面粗糙度增大，不利于工件质量的提高。而当 v_c 增大到一定值以后，就不会产生积屑瘤，从而有利于提高加工质量。因此，在保证加工质量和刀具寿命的前提下，采用较小的背吃刀量 a_p 和进给量 f，尽可能采用大的切削速度 v_c。

2. 车削加工时切削用量的选择

（1）背吃刀量 a_p 的确定　在工艺系统刚度和机床功率允许的情况下，尽可能选取较大的背吃刀量，以减少进给次数。中等功率机床粗加工 a_p 可达 5～10mm，半精加工 a_p 可达 0.5～5mm，精加工 a_p 可取 0.2～1.5mm。当零件精度要求较高时，所留的精车余量一般比普通车削时所留余量小，常取 0.1～0.5mm。

（2）进给量 f　进给量 f 的选取应与背吃刀量和主轴转速相适应。在保证工件加工质量的前提下，可以选择较高的进给速度（2000mm/min 以下）。在切断、车削深孔或精车时，应选择较低的进给速度。当刀具空行程，特别是远距离"回零"时，可以设定尽量高的进给速度。一般粗车时，$f = 0.3～0.8$mm/r；精车时，$f = 0.1～0.3$mm/r；切断时，$f = 0.05～0.2$mm/r。

表 1-7 为按表面粗糙度选择进给量的参考值。

表 1-7　按表面粗糙度选择进给量的参考值

工件材料	表面粗糙度 Ra/μm	切削速度范围 v_c/(m·min^{-1})	刀尖圆弧半径 r_ε/mm		
			0.5	1.0	2.0
			进给量 f/(mm·r^{-1})		
铸铁、青铜、铝合金	>5～10	不限	0.25～0.40	0.40～0.50	0.50～0.60
	>2.5～5		0.15～0.25	0.25～0.40	0.40～0.60
	>1.25～2.5		0.10～0.15	0.15～0.20	0.20～0.35
碳钢及铝合金	>5～10	<50	0.30～0.50	0.45～0.60	0.55～0.70
		>50	0.40～0.55	0.55～0.65	0.65～0.70
	>2.5～5	<50	0.18～0.25	0.25～0.30	0.30～0.40
		>50	0.25～0.30	0.30～0.35	0.30～0.50
	>1.25～2.5	<50	0.10	0.11～0.15	0.15～0.22
		50～100	0.11～0.16	0.16～0.25	0.25～0.35
		>100	0.16～0.20	0.20～0.25	0.25～0.35

注：$r_\varepsilon = 0.5$mm，用于 12mm×12mm 以下刀杆；$r_\varepsilon = 1$mm，用于 30mm×30mm 以下刀杆；$r_\varepsilon = 2$mm，用于 30mm×45mm 及以上刀杆。

（3）切削速度 v_c 的确定　切削速度 v_c 根据工件材料、刀具材料及加工表面类型以及已选定的背吃刀量、进给速度及刀具寿命综合考虑选用。可参考常用的切削用量手册或根据生产实践经验在机床说明书允许的切削速度范围内查表选取，也可参考表1-8。

表1-8　硬质合金外圆车刀切削速度的参考值

工件材料	热处理状态	$a_p = 0.3 \sim 2mm$ $f = 0.08 \sim 0.3mm/r$ $v_c/(m \cdot min^{-1})$	$a_p = 2 \sim 6mm$ $f = 0.3 \sim 0.6mm/r$ $v_c/(m \cdot min^{-1})$	$a_p = 6 \sim 10mm$ $f = 0.6 \sim 1mm/r$ $v_c/(m \cdot min^{-1})$
低碳钢，易切钢	热轧	$140 \sim 180$	$100 \sim 120$	$70 \sim 90$
中碳钢	热轧	$130 \sim 160$	$90 \sim 110$	$60 \sim 80$
	调质	$100 \sim 130$	$70 \sim 90$	$50 \sim 70$
合金结构钢	热轧	$100 \sim 130$	$70 \sim 90$	$50 \sim 70$
	调质	$80 \sim 110$	$50 \sim 70$	$40 \sim 60$
工具钢	退火	$90 \sim 120$	$60 \sim 80$	$50 \sim 70$
灰铸铁	<190HBW	$90 \sim 120$	$60 \sim 80$	$50 \sim 70$
	$190 \sim 225$HBW	$80 \sim 110$	$50 \sim 70$	$40 \sim 60$
高锰钢 $w_{Mn} = 13\%$			$10 \sim 20$	
铜及铜合金		$200 \sim 250$	$120 \sim 180$	$90 \sim 120$
铝及铝合金		$300 \sim 600$	$200 \sim 400$	$150 \sim 200$
铸铝合金 $w_{Si} = 13\%$		$100 \sim 180$	$80 \sim 150$	$60 \sim 100$

注：易切钢及灰铸铁的刀具寿命约为60min。

切削速度选定后，应根据公式来计算主轴的转速 n。

1）只车外圆时的主轴转速。只车外圆时的主轴转速应根据零件上被加工部位的直径，并按零件和刀具材料以及加工性质等条件所允许的切削速度来确定，即

$$n = \frac{1000v_c}{\pi d}$$

式中　n——主轴（工件）转速，单位为 r/min；

　　　v_c——切削速度，单位为 m/min；

　　　d——工件加工部位直径，单位为 mm。

对计算出的 n，最后要根据机床允许值选用标准值或接近值。实际中，主轴转速常靠经验确定。

2）车螺纹时主轴的转速。在车削螺纹时，车床的主轴转速将受到螺纹的螺距 P（或导程）、驱动电动机的升降频特性，以及螺纹插补运算速度等多种因素影响，故对于不同的数控系统，推荐不同的主轴转速选择范围。大多数经济型数控车床推荐车螺纹时的主轴转速 $n(r/min)$ 为

$$n \leqslant (1200/P) - k$$

式中　P——被加工螺纹螺距，单位为 mm；

　　　k——保险系数，通常为80。

在安排粗、精车削用量时，应注意机床说明书给定的允许切削用量范围。对于主轴采用交流变频调速的数控车床，由于主轴在低转速时转矩降低，尤其应注意此时切削用量的选择。

【例1-3】　用硬质合金外圆车刀加工零件上一段 $\phi30$mm 的外圆柱面，零件材料为 45 钢，总加工余量为 5mm（单边），要求外圆表面粗糙度为 $Ra3.2\mu m$。试确定粗加工、精加工时的进给速度和主轴转速。

解　1）粗加工时，取 $a_p = 2$mm，$f = 0.3$mm/r，$v_c = 90$m/min，则主轴转速 $n = 1000 \times 90/(40 \times \pi)$r/min ≈ 716r/min，取 S = 700r/min。得进给速度 v_f 为 700×0.3mm/min = 210mm/min，取 F = 200mm/min。

2）精加工时，取 $a_p = 0.5$mm，$f = 0.1$mm/r，$v_c = 120$m/min，则主轴转速 $n = 1000 \times 120/(30 \times \pi)$r/min ≈ 1274r/min，取 S = 1200r/min。得进给速度 v_f 为 1200×0.1mm/min = 120mm/min，取 F = 120mm/min。

3. 铣削加工切削用量的选择

铣削加工的切削用量，从刀具寿命出发，切削用量的选择方法是先选择背吃刀量或侧吃刀量，其次选择进给速度，最后确定切削速度。

（1）背吃刀量 a_p 或侧吃刀量 a_e　如图 1-27 所示，背吃刀量 a_p 为平行于铣刀轴线测量的切削层尺寸，单位为 mm。端面铣削时，a_p 为切削层深度；而圆周铣削时，为被加工表面的宽度。侧吃刀量 a_e 为垂直于铣刀轴线测量的切削层尺寸，单位为 mm。端面铣削时，a_e 为被加工表面的宽度；而圆周铣削时，a_e 为切削层深度。

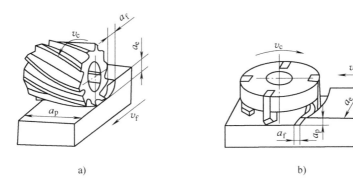

a)　　　　　　　　　　　　　　　　b)

图 1-27　铣削加工的切削用量

a) 圆周铣削　b) 端面铣削

背吃刀量或侧吃刀量的选取主要由加工余量和对表面质量的要求决定。参数选取可参照表 1-9。

表 1-9　背吃刀量 a_p 的选择　　　　　　　　　　　　（单位：mm）

工件材料	高速钢铣刀		硬质合金铣刀	
	粗铣	精铣	粗铣	精铣
铸铁	5~7	0.5~1	10~18	1~2
软钢	<5	0.5~1	<12	1~2
中硬钢	<4	0.5~1	<7	1~2
硬钢	<3	0.5~1	<4	1~2

当工件表面粗糙度值要求为 $Ra12.5 \sim 25\mu m$ 时，如果圆周铣削加工余量小于 5mm，端面铣削加工余量小于 6mm，则粗铣一次进给就可以达到要求。但是在余量较大、工艺系统刚

性较差或机床动力不足时，可分为两次进给完成。

当工件表面粗糙度值要求为 $Ra3.2 \sim 12.5\mu m$ 时，应分为粗铣和半精铣两步进行。粗铣时，背吃刀量或侧吃刀量选取与工件表面粗糙度 Ra 在 $12.5 \sim 25\mu m$ 时相同，粗铣后留 $0.5 \sim 1.0mm$ 余量，在半精铣时切除。

当工件表面粗糙度值要求为 $Ra0.8 \sim 3.2\mu m$ 时，应分为粗铣、半精铣、精铣三步进行。半精铣时，背吃刀量或侧吃刀量取 $1.5 \sim 2mm$；精铣时，背吃刀量取 $0.5 \sim 1mm$。

（2）进给量 f 与进给速度 v_f 的选择　铣削加工的进给量 f(mm/r) 是指刀具转一周，工件与刀具沿进给运动方向的相对位移量；进给速度 v_f(mm/min) 是单位时间内工件与铣刀沿进给方向的相对位移量。进给速度与进给量的关系为

$$v_f = nf$$

式中　n——刀具转速，单位为 r/min。

进给量 f 与进给速度 v_f 是数控铣床加工切削用量中的重要参数，根据零件的表面粗糙度、加工精度要求、刀具和工件材料等因素，参考切削用量手册选取或通过选取每齿进给量 f_z 计算，公式为

$$f = Zf_z$$

式中　Z——刀具齿数。

每齿进给量 f_z 的选取主要依据工件材料的力学性能、刀具材料、工件表面粗糙度等因素。工件材料强度和硬度越高，f_z 越小；反之则越大。硬质合金铣刀的每齿进给量高于同类高速钢铣刀。工件表面粗糙度要求越高，f_z 就越小。每齿进给量的确定可参考表 1-10 选取。工件刚性差或刀具强度低时，应取较小值。

表 1-10　每齿进给量 f_z 的选择　　　　　　（单位：mm/z）

刀具名称	高速钢铣刀		硬质合金铣刀	
	铸铁	钢件	铸铁	钢件
圆柱铣刀	0.12 ~ 0.2	0.1 ~ 0.15	0.2 ~ 0.5	0.08 ~ 0.20
立铣刀	0.08 ~ 0.15	0.03 ~ 0.06	0.2 ~ 0.5	0.08 ~ 0.20
套式面铣刀	0.15 ~ 0.2	0.06 ~ 0.10	0.2 ~ 0.5	0.08 ~ 0.20
三面刃铣刀	0.15 ~ 0.25	0.06 ~ 0.08	0.2 ~ 0.5	0.08 ~ 0.20

一般立铣刀有粗齿和细齿之分，粗齿立铣刀齿数 $Z = 2 \sim 4$，细齿的齿数 $Z = 5 \sim 8$，齿数少的立铣刀用于粗加工，齿数多的立铣刀用于精加工。

（3）切削速度 v_c　铣削的切削速度 v_c 与刀具寿命、每齿进给量、背吃刀量、侧吃刀量以及铣刀齿数成反比，而与铣刀直径成正比。其原因是当 f_z、a_p、a_e 和 Z 增大时，切削刃负荷增加，同时工作的齿数也增多，使切削热增加，刀具磨损加快，从而限制了切削速度的提高。为提高刀具寿命，允许使用较低的切削速度。加大铣刀直径则可改善散热条件，可以提高切削速度。

铣削加工的切削速度 v_c 可参考有关切削用量手册中的经验公式通过计算选取。参数见表 1-11。

表 1-11　铣削速度 v_c 的选择　　　　　　　　　　（单位：m/min）

工件材料	铣削速度		说　　　明
	高速钢铣刀	硬质合金铣刀	
20	20 ~ 45	150 ~ 190	
45	20 ~ 35	120 ~ 150	
40Cr	15 ~ 25	60 ~ 90	1. 粗铣时取小值，精铣时取大值
HT150	14 ~ 22	70 ~ 100	2. 工件材料强度和硬度较高时取小值，反之取大值
黄铜	30 ~ 60	120 ~ 200	3. 刀具材料耐热性好时取大值，反之取大值
铝合金	100 ~ 300	400 ~ 600	
不锈钢	15 ~ 25	50 ~ 100	

切削速度 v_c 选好后，再根据下列公式计算主轴转速 n

$$n = \frac{1000v_c}{\pi d}$$

式中　n——主轴（刀具）转速，单位为 r/min；

　　　v_c——切削速度，单位为 m/min；

　　　d——刀具直径，单位为 mm。

【例 1-4】　用 $\phi16mm$ 高速钢立铣刀加工 $\phi50mm$ 凸台的外圆柱面，刀具齿数 $Z = 4$，零件材料为 45 钢，要求外圆表面粗糙度为 $Ra3.2\mu m$，试确定精加工时的进给速度和主轴转速。

　　解：选取 $f_z = 0.03mm/z$，则 $f = 4 \times 0.03mm/r = 0.12mm/r$；选取切削速度 $v_c = 30m/min$，则主轴转速 $n = 1000 \times 30/(16 \times \pi)r/min \approx 597r/min$，取 $S = 600r/min$，得进给速度 v_f 为 $600 \times 0.12mm/min = 72mm/min$，取 $F = 70mm/min$。

1.3.3　工艺路线的拟订

所谓工艺路线，是指按零件加工顺序列出主要工序名称的简略工艺过程。拟订工艺路线的主要内容，是选择零件各表面的加工方案和安排各表面的加工顺序。这是制定零件加工工艺、保证加工质量的重要步骤。

1. 表面加工方案的选择

在制定零件加工工艺时，要根据零件的实际情况合理选择零件表面的加工方法，一般要考虑以下问题。

（1）加工经济精度和经济表面粗糙度　从理论上讲，任何一种加工方法和相应的加工方案所能达到的加工精度和表面粗糙度都有一个很大的范围，但要获得比一般条件下更高的精度和更小的表面粗糙度值，就需要以增大成本或降低生产率为代价，如由技术熟练的高级技工精细地操作或选择很小的进给量等。经济精度是指在正常的加工条件下（使用符合质量标准的设备、工艺装备和标准等级的工人，不延长加工时间）所能保证的加工精度。经济表面粗糙度的概念与此类同。表 1-12、表 1-13、表 1-14 分别列出了外圆柱面、孔和平面的加工方案及其经济精度和经济表面粗糙度。

表 1-12　外圆柱面加工方案及其经济精度

序号	加 工 方 案	经济精度 (公差等级)	经济表面粗 糙度 Ra/μm	适 用 范 围
1	粗车	IT11 ~ IT13	12.5 ~ 50	除淬硬钢以外的各种金属
2	粗车-半精车	IT8 ~ IT10	3.2 ~ 6.3	
3	粗车-半精车-精车	IT7 ~ IT8	0.8 ~ 1.6	
4	粗车-半精车-精车-滚压(或抛光)	IT7 ~ IT8	0.025 ~ 0.2	
5	粗车-半精车-磨削	IT7 ~ IT8	0.4 ~ 0.8	不宜加工非铁金属或硬度太低的金属
6	粗车-半精车-粗磨-精磨	IT6 ~ IT7	0.1 ~ 0.4	
7	粗车-半精车-粗磨-精磨-超精加工	IT5	0.012 ~ 0.1 (或 $R_z0.1$)	
8	粗车-半精车-精车-精细车	IT6 ~ IT7	0.025 ~ 0.4	精度和表面粗糙度要求很高的非铁金属
9	精车-半精车-粗磨-精磨-超精磨(或镜面磨)	IT5 以上	0.006 ~ 0.025 (或 $R_z0.05$)	精度和表面粗糙度要求极高的外圆
10	粗车-半精车-粗磨-精磨-研磨	IT5 以上	0.006 ~ 0.1 (或 $R_z0.05$)	

表 1-13　孔加工方案及其经济精度

序号	加 工 方 案	经济精度 (公差等级)	经济表面粗 糙度 Ra/μm	适 用 范 围
1	钻	IT11 ~ IT13	12.5	除淬硬钢外的实心毛坯,孔径小于20mm
2	钻-铰	IT8 ~ IT10	1.6 ~ 6.3	
3	钻-粗铰-精铰	IT7 ~ IT8	0.8 ~ 1.6	
4	钻-扩	IT10 ~ IT11	6.3 ~ 12.5	除淬硬钢外的实心毛坯,孔径大于20mm
5	钻-扩-铰	IT8 ~ IT9	1.6 ~ 3.2	
6	钻-扩-粗铰-精铰	IT7	0.8 ~ 1.6	
7	钻-扩-机铰-手铰	IT6 ~ IT7	0.2 ~ 0.4	
8	钻-扩-拉	IT7 ~ IT9	0.8 ~ 1.6	大批量生产
9	粗镗(或扩孔)	IT11 ~ IT13	6.3 ~ 12.5	除淬硬钢外各种材料,毛坯上已有孔
10	粗镗(粗扩)-半精镗(精扩)	IT9 ~ IT10	1.6 ~ 3.2	
11	粗镗(粗扩)-半精镗(精扩)-精镗(铰)	IT7 ~ IT8	0.8 ~ 1.6	
12	粗镗(粗扩)-半精镗(精扩)-精镗-浮动镗	IT6 ~ IT7	0.4 ~ 0.8	
13	粗镗(粗扩)-半精镗-磨孔	IT7 ~ IT8	0.2 ~ 0.8	硬度很低的材料和非铁金属除外
14	粗镗(粗扩)-半精镗-粗磨-精磨	IT6 ~ IT7	0.1 ~ 0.2	
15	粗镗(粗扩)-半精镗-精镗-精细镗	IT6 ~ IT7	0.05 ~ 0.4	精度、表面粗糙度要求高的非铁金属

（续）

序号	加 工 方 案	经济精度（公差等级）	经济表面粗糙度 $Ra/\mu m$	适 用 范 围
16	钻-(扩)-粗铰-精铰-珩磨 钻-(扩)-拉-珩磨 粗镗-半精镗-精镗-珩磨	IT6 ~ IT7	0.025 ~ 0.2	精度和表面粗糙度要求很高的孔，非铁金属孔
17	以研磨代替上格中的珩磨	IT5 ~ IT6	0.006 ~ 0.1	

表 1-14　平面加工方案及其经济精度

序号	加 工 方 案	经济精度（公差等级）	经济表面粗糙度 $Ra/\mu m$	适 用 范 围
1	粗车	IT11 ~ IT13	12.5 ~ 50	端面
2	粗车-半精车	IT8 ~ IT10	3.2 ~ 6.3	
3	粗车-半精车-精车	IT7 ~ IT8	0.8 ~ 1.6	
4	粗车-半精车-磨削	IT6 ~ IT8	0.2 ~ 0.8	
5	粗铣（刨）	IT11 ~ IT13	6.3 ~ 25	不淬硬平面
6	粗铣（刨）-精铣（刨）	IT8 ~ IT10	1.6 ~ 6.3	
7	粗铣（刨）-精铣（刨）-刮研	IT6 ~ IT7	0.1 ~ 0.8	精度要求较高的不淬硬平面
8	以宽刃精刨代替上格刮研	IT7	0.2 ~ 0.8	
9	粗铣（刨）-精铣（刨）-磨削	IT7	0.2 ~ 0.8	精度要求较高，硬度不很低的平面
10	粗铣（刨）-精铣（刨）-粗磨-精磨	IT6 ~ IT7	0.025 ~ 0.4	
11	粗铣-拉	IT7 ~ IT9	0.2 ~ 0.8	大批量生产的小平面
12	粗铣-精铣-磨削-研磨	IT5 以上	0.006 ~ 0.1	高精度平面

（2）工件材料的性质　各种加工方法对工件材料及其热处理状态有不同的适用性，如淬硬钢的精加工一般都要用磨削；而硬度太低的材料磨削时容易堵塞砂轮，所以非铁金属的精加工要采用精细车、精细镗等。

（3）工件的结构形状与尺寸　工件的结构形状与尺寸涉及工件的装夹与切削运动方式，对加工方法的限制也较多。例如，孔的加工方法有多种，但箱体等较大的零件不宜采用磨削和拉削，普通内圆磨床只能磨套类零件的孔；铰削适于较小且有一定深度的孔；车削适于回转体工件轴线上的孔。

（4）生产率和经济性要求　各种加工方法需选用相应的加工设备，它们的生产率有很大差异，所以选择加工方法要与生产类型相适应。例如，非圆内表面的加工方法有拉削和插削，但单件小批量生产主要适宜用插削，拉刀的制造成本高、生产率高，适于大批大量生产。

（5）特殊要求　不同的加工方法对工件的表面性能有不同的效果。例如，刮削和挤压加工能使工件表面产生加工硬化而提高耐磨性，刮削表面有良好的接触性能；珩磨孔的直线性和表面网状纹路对于发动机气缸内壁有良好的运动特性和储存润滑油的作用等。在选择加工方案时，还应考虑在现有生产条件下，积极采用新技术和新工艺，提高经济效益。

2. 加工阶段的划分

加工质量要求较高的零件，其工艺过程应分阶段进行，一般将整个加工过程分为粗加工、半精加工、精加工等几个阶段，一些表面质量要求特别高的还需安排光整加工和超精密加工。各加工阶段的主要任务如下：

（1）粗加工阶段　粗加工阶段的主要任务是尽快从毛坯上切除余量，精度和表面粗糙度要求不高。

（2）半精加工阶段　在粗加工的基础上提高零件精度和表面质量，并留合适的余量，为精加工作好准备工作。

（3）精加工阶段　从工件表面切除少量余量，达到工件设计要求的加工精度和表面粗糙度。磨削以及拉、铰削等加工方法属于精加工。

（4）光整加工阶段　在精加工之后，从工件上不切除或切除极薄金属层，用以获得很光洁的表面（表面粗糙度值在 $Ra0.2\mu m$ 以下）或强化其表面的加工过程。此外，对于精度要求特别高的零件，必要时可安排精密和超精密加工，它们是以稳定、超微量切除等原则，实现加工尺寸误差和形状误差分别在 $0.2\mu m$ 和 $0.1\mu m$ 以下的加工技术。

当大型工件的毛坯余量特别大，表面非常粗糙时，在粗加工阶段之前还可安排粗加工阶段，其任务是以最大限度的高效率切除余量。为能及时发现毛坯缺陷，减少运输量，荒加工有时也安排在毛坯准备车间进行。

划分加工阶段的意义有以下几方面：

1）保证加工质量。粗加工的切削余量大，产生的切削力和切削热大，需要的夹紧力也大，因此在表层材料切除后毛坯的内应力要重新分配，这些因素都将造成工件的变形。粗、精加工分开后，可使粗加工后的变形充分释放，有利于在半精加工和精加工时得到纠正。

2）有利于合理使用设备。如果粗精加工不分，难免要使用精密设备干粗活，不利于保持精密设备的精度。

3）便于热处理工序的安排。热处理工序在机加工工序间穿插进行，一般粗加工后进行时效或调质，半精加工后进行淬火等，热处理工序和机加工工序有机结合，使工件内应力充分释放，而后续加工能保证消除变形，使工件有稳定的加工质量。

4）便于及时发现和处理毛坯缺陷。毛坯的有些缺陷往往在粗加工后才暴露出来，如铸件的砂眼、气孔，毛坯的余量偏差等。粗加工后安排检验，可及时对缺陷进行修补或报废，以免因继续盲目加工而造成损失。

划分加工阶段是对整个工艺过程而言的，以工件主要加工面为主线进行划分，并不排除一些个别的或次要的表面不按此顺序加工。对于具体的工件，加工阶段的划分应灵活掌握。那些加工质量要求不高，工件刚性好，毛坯精度高、余量小的工件，就可少分几个阶段或不划分阶段；有些重型工件为减少装夹和运输，也常在一次装夹中完成粗、精加工，但在粗切工步之后，应松开夹紧机构，让工件释放变形，然后以较小的夹紧力重新夹紧，进行精切工步，实际上此时粗精加工的划分是在工序内进行了。

3. 机械加工工序的安排

工艺过程中的主要工序有机械加工工序、热处理工序和辅助工序等，制订零件加工工艺时，要将这三类工序有机、合理地穿插组合。

机械加工工序的安排须考虑下述原则：

（1）基准先行　机加工一开始，就要先把精基准加工出来，并且在考虑每一个工序的加工内容时，总把下一工序的定位基面优先，为后续工序准备好精基准。

（2）先主后次　先安排主要表面的加工，后安排次要表面的加工。这里的主要表面是指装配基面、工作表面等；次要表面是指非工作表面或一些局部的结构，如联接用的光孔、螺纹孔、键槽、螺纹等。次要表面的加工量一般都比较小，与主要表面又往往有相互位置要求，因此宜安排在主要表面达到一定精度之后（以使其定位基准具有较高的精度），但应在精加工之前。

（3）先粗后精　零件上各主要表面的加工由粗到精，循序渐进。设想，如果先将零件的某些表面完成精加工，再对另一些表面进行粗加工，则已完成精加工的表面易因变形、碰伤等而失去精度。

（4）先面后孔　对于箱体、支架、连杆等零件，其主要加工面是孔和平面，一般先以孔作粗基准加工平面，再以平面作精基准加工孔。这是因为，在一般情况下平面的面积较大，作精基面定位时稳定、可靠，定位精度也较高，且孔加工及其位置的确定都较平面的加工难度要高，所以"先面后孔"可使孔的加工具有良好的精基准，余量也比较均匀。

思考与练习题

1-1　什么是数控技术、数控机床和数控加工？

1-2　数控机床由哪些部分组成？各组成部分的主要功能是什么？

1-3　数控机床有哪些分类方法？按照各种分类方法可将机床分为哪些类型？

1-4　简述数控机床的特点和应用范围。

1-5　简述数控编程的方法和内容。

1-6　简述数控机床坐标系中坐标轴位置及其方向的判定原则和方法。

1-7　机床坐标系和工件坐标系的区别是什么？

1-8　什么是机械原点、工件原点及参考点？

1-9　开机回零操作的意义是什么？

1-10　什么是基点和节点？简述基点、节点的计算方法。

1-11　简要说明切削三要素的选择原则。

1-12　选择硬质合金外圆车刀车削 $\phi30mm$ 的外圆柱面，工件材料为中碳钢，如果切削速度为 $100m/min$，进给量为 $0.3mm/r$。试计算主轴转速（r/min）和进给速度（mm/min）。

1-13　如果选用 $\phi20mm$ 的 4 齿立铣刀铣削工件上 $\phi60mm$ 的圆柱凸台侧面，切削速度为 $100m/min$，进给量为 $0.05mm/$齿。试计算主轴转速（r/min）和进给速度（mm/min）。

1-14　简述零件机械加工工序安排的一般原则。

第 2 章　数控车床工艺编程

基本要求

1. 学会数控车床的基本操作（开机、关机、回零、程序输入、程序调用、程序校验、轨迹仿真、参数设定等）。

2. 掌握数控车床对刀及工件坐标系的建立。

3. 掌握常用功能指令、半径补偿功能指令、循环功能指令、螺纹加工指令的应用。

4. 能够合理选用常用内、外轮廓，孔及螺纹加工刀具。

5. 学会零件加工工艺路线、走刀路线及切削用量的确定。

6. 能够对中等复杂零件进行加工编程。

7. 学会使用游标卡尺、百分表、角度尺、螺纹规、样板等常用的检测工具。

学习重点

1. 数控车床工件坐标系的建立。

2. 常用功能指令、循环功能指令、螺纹加工指令的应用。

3. 合理选用常用内、外轮廓、孔及螺纹加工刀具。

4. 学会零件加工工艺路线、走刀路线及切削用量的确定。

5. 学会使用游标卡尺、百分表、角度尺、螺纹规、样板等常用检测工具。

学习难点

1. 对刀、建立工件坐标系。

2. 刀具半径补偿功能、复合循环功能指令、螺纹加工指令的应用。

3. 零件加工工艺路线、走刀路线及切削用量的合理确定。

2.1　基本编程指令

2.1.1　工件坐标系的设定

工件坐标系是编程人员根据零件图特点和尺寸标注的情况，为了方便计算编程坐标值而建立的坐标系。工件坐标系的坐标轴方向必须与机床坐标系的方向一致。因此，工件坐标系的设定其实就是工件坐标原点的设定。

机床坐标系是生产厂家在制造机床时设置的固定坐标系，其坐标原点也称机床原点或机械原点，通过开机回参考点来确认。参考点位置一般都设在机床坐标系正向的极限位置处，通过装配制造时设置的限位开关来确定。参考点就是与机床原点之间有确定的位置关系的点。

如图 2-1 所示，车床的机床原点一般取卡盘端面法兰盘与主轴轴线的交点处。数控车削零件的工件坐标系原点一般位于零件右端面或左端面与轴线的交点上。

常见的确定工件坐标系的方法及其具体操作过程如下：

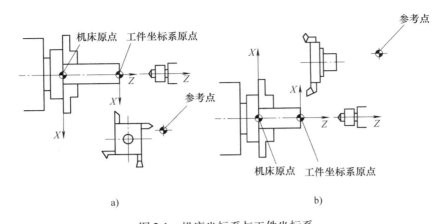

图 2-1　机床坐标系与工件坐标系

a）刀架前置的工件坐标系　b）刀架后置的工件坐标系

1. 用 G50 设置工件坐标原点

G50 建立工件坐标系的方法，是通过设定刀具起始点在工件坐标系中的坐标值来建立工件坐标系的。也就是通过实际测得刀位点在开始执行程序时，在工件坐标系的位置坐标值后，通过程序中的 G50 指令设定的方法建立工件坐标系。

编程格式：G50　X ＿　Z ＿；

其实 G50 指令实现的功能是一种反求方法。通过 G50 指令后面的刀位点"X ＿　Z ＿"坐标值，使数控系统推算出工件坐标系原点的位置。

例如，如果机床为后置刀架，刀位点停在 A 点位置，当程序执行"G50　X200. Z300. ；"指令时，系统建立如图 2-2 所示工件坐标系原点为 O 点，并且刀位点在工件坐标系的坐标为（200，300），其中 X 轴为直径编程。

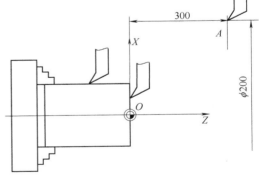

图 2-2　工件坐标系的建立

2. 用 T×××× 试切对刀确定工件坐标原点

试切法对刀是通过试切工件来获得刀位点在试切点的偏置量（简称刀偏量），将刀偏值输入机床参数刀具偏置表中，并通过运行 T 指令来获得工件坐标系的方法。其实质就是测出各把刀的刀位点到达工件坐标原点时，相对机床原点（参考点）的位置偏置量。

下面以外圆车刀为例，机床为前置刀架，简述试切法建立工件坐标原点的具体操作。

（1）X 轴对刀　用 1 号刀车削工件外圆。车外圆后，X 轴不能移动（保持坐标不变），沿 Z 轴正向退出后主轴停转。测量出工件外圆直径实际值为（φ56.4850mm），如图 2-3 所

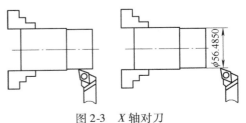

图 2-3　X 轴对刀

示。随后打开刀具偏置补偿"工具补正/形状"界面（图 2-4a）。将光标选中该刀所对应的番号"G_01"（通常选此番号同刀位号），输入已测量直径实际值为"X56.4850"（图 2-4b）。再按软键盘上的"测量"就完成 X 轴对刀，系统自动计算得出 X 轴偏置值为"−178.333"（图 2-4c）。

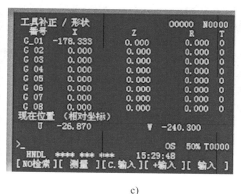

a)

b)　　　　　　　　c)

图 2-4　刀具偏置补偿界面操作过程

（2）Z 轴对刀　用 1 号刀车削工件右端面，Z 轴保持坐标不变，沿 X 轴正向退出后主轴停转，如图 2-5 所示。测量工件坐标系的原点与刀位点 Z 轴距离，已知为 0。打开刀具偏置补偿"工具补正/形状"界面（图 2-6a），将光标选中该刀所对应的刀号番号"G_01"，输入测量的距离"Z0"（图 2-6b），再按软键盘上的"测量"就完成 Z 轴对刀，系统自动求得 Z 轴偏置值"−461.500"（图 2-6c）。

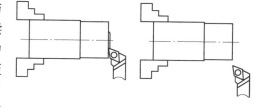

图 2-5　Z 轴对刀

值得注意的是

1）对刀完毕时，数控系统并没有执行当前建立的工件坐标系，因此显示屏上显示的工件坐标系仍是上次建立的工件坐标系。要实现当前的工件坐标系，就必须在 MDI 方式下，或自动运行方式下执行"T××××"。其中，前两位的"××"代表当前的刀位号，后两位的"××"代表与当前的刀位号所对应的刀具偏置值地址号。

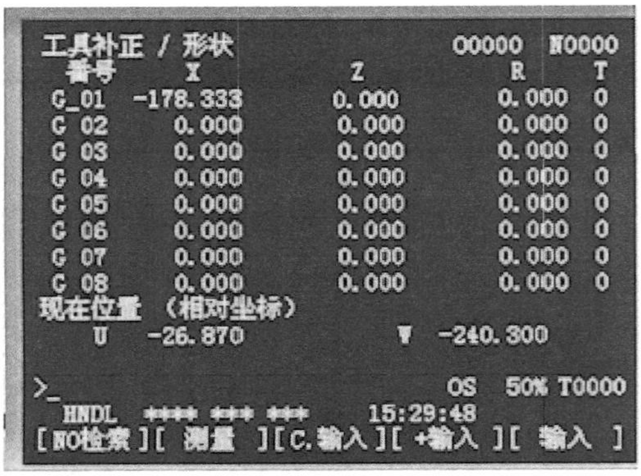

a)

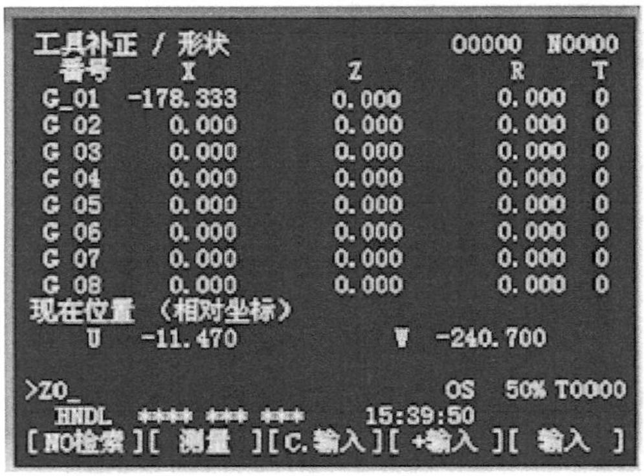

b)

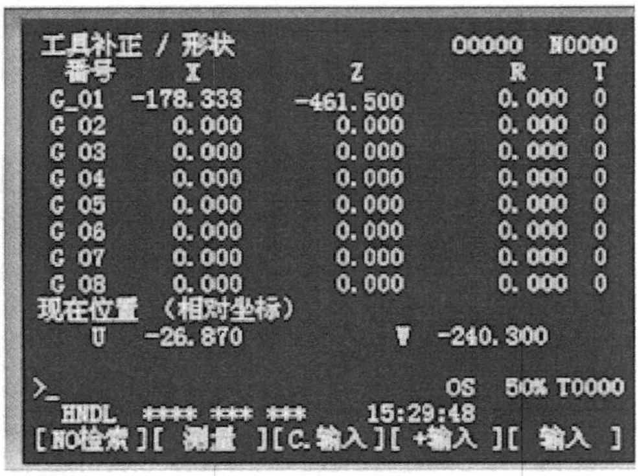

c)

图 2-6 Z 轴刀具偏置补偿操作过程

2）由于刀架上其他刀具结构形状、安装位置的不同，需要逐一对刀，对刀方法与上述类似。

2.1.2 常用功能指令（G96\G97\G98\G99\G00\G01\G02\G03\M\F\S\T）

1. 基本知识

（1）FANUC 0i 数控系统的基本功能指令　常见的准备功能 G 代码见表 2-1。表 2-1 中 01～16 组的 G 指令为模态指令，又称续效指令，该指令在程序段中一经指定便一直有效，直到出现同组另一指令或被其他指令取消时才失效；00 组的指令为非模态指令，即仅在当前程序段中有效。表 2-2 中是常用的辅助功能 M 代码，是控制机床或系统开关功能的一种命令。

（2）直径编程与半径编程　在编制数控车床的 CNC 程序时，因为工件是回转体，其尺寸可以用直径和半径两种方式来表达，在描述工件轮廓上某一点坐标时，X 坐标用直径数据表达时称为直径编程，X 坐标用半径数据表达时称为半径编程，两者只能选其一，具体由机床参数设置。通常机床默认选择直径编程，以下所有编程为直径编程。

表 2-1　FANUC 0i 车床数控系统的准备功能 G 代码及其功能

G 代码	组别	功　能	G 代码	组别	功　能
G00		快速点定位	G65	00	宏程序调用
G01	01	直线插补	G66	12	宏程序模态调用
G02		顺时针圆弧插补	G67		宏程序模态调用取消
G03		逆时针圆弧插补	G70		精加工循环
G04		暂停	G71		外圆/内孔粗车循环
G10	00	数据设置	G72		端面粗车循环
G11		数据设置取消	G73	00	平行（成形）轮廓车削循环
G18	16	ZX 平面选择	G74		Z 向啄式钻孔、端面沟槽循环
G20	06	英制（in）（1in = 2.54cm）	G75		大径/小径钻孔循环
G21		米制（mm）	G76		螺纹切削复循环
G22	09	行程检查功能打开	G80		取消钻孔固定循环
G23		行程检查功能关闭	G83		正面钻孔循环
G27		参考点返回检查	G84		正面攻螺纹循环
G28		参考点返回	G85	10	正面镗孔循环
G30	00	第二参考点返回	G87		侧面钻孔循环
G31		跳步功能	G88		侧面攻螺纹循环
G32	01	螺纹切削	G89		侧面镗孔循环
G40		刀尖半径补偿取消	G90		大径/小径切削循环
G41	07	刀尖半径左补偿	G92	01	螺纹切削循环
G42		刀尖半径右补偿	G94		端面切削循环
G50		工件坐标原点或最大主轴转速设置	G96	02	恒线切削速度
G52	00	局部坐标系设置	G97		恒线切削速度取消
G53		机床坐标系设置	G98	05	每分钟进给
G54 ~ G59	14	选择工件坐标系 1 ~ 6	G99		每转进给

表 2-2　FANUC 0i 数控系统的常见 M 代码及其功能

M 代码	功　能	M 代码	功　能
M00 ☆	程序停止	M07	切削液打开
M01 ☆	选择性程序停止	M08	切削液打开
M02 ☆	程序结束	M09	切削液关闭
M03	主轴正转（CW）	M30 ☆	程序结束并返回
M04	主轴反转（CCW）	M98	子程序调用
M05	主轴停	M99	子程序结束并返回

注：带"☆"的 M 指令为非模态指令，其余为模态指令。

（3）绝对值编程与增量值编程　在数控编程中，刀具位置坐标通常有两种表示方式：一种是绝对坐标，另一种是增量（相对）坐标。数控车床可采用绝对值编程、增量值编程或者二者混合编程。

1）绝对值编程。在程序中，刀位点的坐标值都是相对工件坐标系原点的绝对坐标值，称为绝对值编程，用 X、Z 表示。

2）增量值编程。在程序中，刀位点的坐标值是相对于刀具的前一位置（或起点）的增量，称为增量值编程。X 坐标用 U 表示，Z 坐标用 W 表示，正负由运动方向确定。

如图 2-7 所示的运动轨迹，用以上三种编程方法编写的部分程序如下。

用绝对值编程：X65. Z35. ；

用增量值编程：U40. W−55. ；

混合编程：X65. W−55. ；或 U40. Z35. ；

2. G 功能指令

（1）快速移动指令（G00）　编程格式为

G00　X（U）＿　Z（W）＿；

式中，X、Z 是刀具移动目标点的绝对坐标；U、

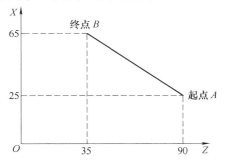

图 2-7　绝对值/增量值编程

W 是目标点相对起点的增量坐标；G00 指令是在工件坐标系中以快速移动速度（机床内部设置）移动刀具到达由坐标字指定的位置。刀具以每轴的快速移动速度定位刀具轨迹，不一定是直线。因此，要确保刀具不与工件、夹具发生碰撞。

【例 2-1】　如图 2-8a 所示，当前刀具所在位置为 A 点，用 G00 编写从 A→B→C 轨迹的（图 2-8a 中实线）数控程序见表 2-3。

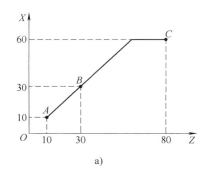

a)

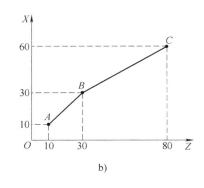

b)

图 2-8　G00 与 G01 移动轨迹

表 2-3　用 G00 编写程序

绝对编程方式	相对编程方式
G00　X30.　Z30. ；	G00　X20.　Z20. ；
G00　X80.　Z60. ；	G00　X50.　Z30. ；

（2）直线插补（G01）　编程格式为

G01　X（U）＿　Z（W）＿　F＿；

式中，X、Z 是刀具移动目标点的绝对坐标；U、W 是目标点相对起点的增量坐标；F

为进给功能字，可以用 G98 或 G99 设定单位，进给速度单位分别为 mm/min 和 mm/r。直线插补指令是直线运动指令，实现刀具在两坐标间以插补联动方式按指定的进给速度做任意斜率的直线运动，该指令为模态（续效）指令。

【例 2-2】　如图 2-8b 所示，当前刀具所在位置为 A 点，用 G01 编写从 A→B→C 轨迹的（图 2-8b 中实线）数控程序见表 2-4。

表 2-4　用 G01 编写程序

绝对编程方式	相对编程方式
G01　X30.　Z30.　F100；	G01　X20.　Z20.　F100；
G01　X80.　Z60.　；	G01　X50.　Z30.　；

（3）圆弧插补指令（G02\G03）　编程格式为

$$\begin{Bmatrix} G02 \\ G03 \end{Bmatrix} \quad X\_\_ \quad Z\_\_ \quad \begin{Bmatrix} I\_\_ \quad K\_\_ \\ R\_\_ \end{Bmatrix} \quad F\_\_;$$

圆弧插补指令用法说明如下：

1）绝对值编程时，X、Z 表示圆弧的终点坐标。增量编程时用 U、W 表示，其含义是圆弧终点相对圆弧起点的坐标增量值。

2）圆弧顺、逆切削的判断依据是沿着机床坐标 Y 轴由正方向来看，刀具所走圆弧轨迹方向为顺时针用 G02 指令，逆时针用 G03 指令，如图 2-9 所示。

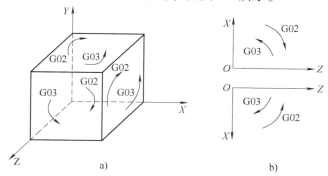

图 2-9　圆弧顺时针、逆时针的判定

3）圆心坐标 I、K 为圆弧圆心相对于圆弧起点在 X 轴和 Z 轴上的增量（I 的值用半径差值表示）。

4）用半径 R 编程时，当刀具加工圆弧所对应的圆心角 $\alpha \leqslant 180°$ 时，用 " + R" 表示；否则用 " - R" 表示。切记，加工整圆时，不能用半径 R 指定圆心位置。如图 2-10 所示，当程序执行从起点至终点的顺时针圆弧指令时，刀具所走的轨迹因 ' + R' 和 ' - R' 而不同。当为 ' - R' 时，所走的轨迹为圆弧 2（优弧）；当为 ' + R' 时，所走的轨迹为圆弧 1（劣弧）。

【例 2-3】　如图 2-11 所示，用 G02/G03 圆弧插补指令编写从 O→A→B→C 轨迹的数控程序见表 2-5。

已知：$A(50，-46.583)$、$B(50，-65)$、$C(70，-75)$。

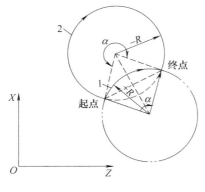

图 2-10　"+R"与"-R"的区别

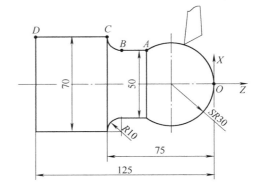

图 2-11　圆弧插补

表 2-5　用 G02/G03 编写程序

功能字	轨迹	绝对编程方式	相对编程方式
（I＿　K＿）	O→A	G03　X50.　Z－46.583　I0.　K－30. ;	G03　U50.　W－46.583　I0.　K－30. ;
	A→B	G01　Z－65. ;	G01　Z－18.417 ;
	B→C	G02　X70.　Z－75.　I10.　K0. ;	G02　U20.　W－10.　I10.　K0. ;
（R＿）	O→A	G03　X50.　Z－46.583　R30. ;	G03　U50.　W－46.583　R30. ;
	A→B	G01　Z－65. ;	G01　Z－18.417 ;
	B→C	G02　X70.　Z－75.　R10. ;	G02　U20.　W－10.　R10. ;

（4）每分钟/每转进给量（G98\G99）　进给功能字 F 的单位由 G98 或 G99 决定。程序中出现 G98 时，F 的单位为 mm/min；如果是 G99 则 F 的单位为 mm/r。两者都为模态指令。换算公式为

$$v_f = n \times f$$

式中　v_f——每分钟进给量，单位 mm/min；

　　　n——主轴转速，单位 r/min；

　　　f——每转进给量，单位 mm/r。

（5）米/英制转换指令（G21\G20）　G21 指定米制单位，也就是 X（U）、Z（W）等坐标字所描述的单位为 mm，一般系统默认为 G21；G20 指定英制单位，相应的坐标字所描述的单位为 inch。两者都为模态指令。

（6）恒线速切削设置/取消（G96\G97）

1）设置恒线速切削编程格式：G96　S＿；

式中，S 后面数字是切削速度，单位为 m/min。G96 设置恒线速切削，即车削过程中数控系统会根据车削时刀尖所处的不同工件直径计算主轴转速，保持恒定的线性切削速度。当设定恒线速切削时，最好增加限制主轴最大转速的指令，以防止主轴转速过高时发生意外。其程序为

G50　S＿；

式中，S 后面数字是被限制的最高主轴转速，单位为 r/min。

2）取消恒线速切削编程格式：G97　S ___；

G97 为取消恒线速切削设置（也可简称恒转速）。S 后面的数字是主轴固定转速，单位为 r/min。

（7）暂停指令（G04）　G04 指令的作用是按指定的时间延迟执行下一个程序段。

编程格式：G04　X ___；或 G04　P ___；

式中　X——指定暂停时间，单位为 s，允许小数点编程；

P——指定暂停时间，单位为 ms，不允许小数点编程。

例如，暂停时间若为 1.5s 时，则程序为

G04　X1.5.；或 G04　P1500；

3. M 功能指令

（1）程序结束（M02\M30）　两者都是主程序结束指令。区别在于：执行 M02 时，程序光标停在程序末尾。需要重复加工时，要重新调用程序；而执行 M30 时，程序光标自动返回程序开始位置。需要重复加工时，不用重新调用程序，直接按循环启动按钮即可。

（2）程序暂停/选择性程序暂停（M00\M01）

1）M00——程序暂停指令。在执行完含有 M00 的程序段后，机床的主轴、进给及切削液都自动停止。该指令用于加工过程中需测量工件的尺寸、工件调头、手动变速等固定操作。当程序运行停止时，全部现存的模态信息保持不变，固定操作完成，重按"启动"键，便可继续执行后续的程序。

2）M01——选择性程序（任选）暂停代码。该代码与 M00 基本相似，所不同的是只有在"任选停止"按键被按下时，M01 才有效，否则机床仍不停地继续执行后续的程序段。该代码常用于工件关键尺寸的停机抽样检查等情况，当检查完成后，按启动键继续执行后续的程序。

（3）主轴运转与停止（M03\M04\M05）　分别表示主轴正转（M03）、反转（M04）和主轴停止转动（M05）。

（4）切削液开关（M07\M08\M09）　用于冷却装置的起动和关闭。M07 表示雾状切削液开；M08 表示液状切削液开；M09 表示关闭切削液开关，并注销 M07。

4. 其他功能指令

（1）F 功能（进给功能）　F 功能也称进给功能，表示进给速度，用字母 F 与其后数字表示。根据数控系统不同，F 功能的表示方法也不同。进给功能的单位一般为 mm/min（G98 时）。例如，F100 表示进给速度为 100mm/min。当进给速度与主轴转速有关时，用进给量来表示刀具移动的快慢时，单位为 mm/r（G99 时）。例如，车削螺纹时，F2 表示进给速度为 2mm/r，2 等于被加工螺纹的导程。

（2）S 功能（主轴转速功能）　S 功能也称主轴转速功能，主要表示主轴运转速度。S 功能有恒线速和恒转速两种指令方式。其单位是 r/min（恒转速，G97 时）或 m/min（恒线速，G96 时），通常使用 r/min。例如，S800 表示主轴转速为 800r/min。

（3）T 功能（刀具功能）　FANUC 系统采用 T 指令选刀，由地址码 T 和四位数字组成。前两位数字是刀具号，后两位数字是刀具补偿号。例如，T0101，前面的 01 表示调用第 1 号刀具，后面的 01 表示调用刀偏地址为 1 号刀具补偿。如果后面两位数是 00，例如 T0200，表示调用第 2 号刀具，并取消刀具补偿。

注意：F、S、T 功能均为模态代码。

（4）程序的斜杠跳跃　在程序段前面的第一个符号为"/"符号，该符号称为斜杠跳跃符号，且该程序段称为可跳跃程序段。例如，下列程序段：

/N10　G00　X30.　Z40.；

当程序执行遇到可跳跃程序段时，只有操作者通过机床操作面板使系统的"跳跃程序段"信号生效时，该可跳跃程序段不被执行，执行下段程序；否则，当系统的"跳跃程序段"信号不生效时，该程序段照样执行，即与不加"/"符号的程序段相同。

2.1.3　简单阶梯轴的精加工

如图 2-12 所示的轴类零件，材料为 45 钢，粗加工已经完成且留有 0.25mm 的单边精加工余量。试编写其精加工程序（注意工件坐标系的设定位置，机床为前置刀架）。

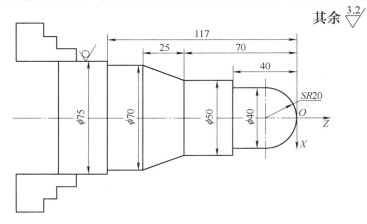

图 2-12　轴类零件精加工

零件加工程序见表 2-6。

表 2-6　轴类零件精加工程序

程　序		注　释
	O0002	主程序名
N2	T0101　G98　G21　G97；	选 1 号刀、建立工件坐标系；每分进给；米制单位；恒转速
N4	G00　X50.　Z10.；	快速接近工件
N6	M03　S1200；	主轴正转；转速 1200r/min
N8	G00　X0.　Z3.；	快速移到加工起始点
N10	G01　Z0.　F100　M08；	进给功能字 F 为 100mm/min，移至 O 点，M08 为打开切削液
N12	G03　X40.　Z－20.　I0.　K－20.；	X 轴坐标为直径编程。圆弧插补指令用 I、K 增量编程
N14	G01　Z－40.；	车削 φ40mm 圆柱面
N16	X50.；	G01 为模态指令；可省略；车削 φ50 台阶端面
N18	Z－70.；	车削 φ50mm 圆柱面
N20	X70.　Z－95.；	车削锥面
N22	Z－117.；	车削 φ70mm 的圆柱面
N24	X75.；	车削 φ75mm 的台阶端面

（续）

程　　序		注　　释
O0002		主程序名
N26	G00　X100.　Z200.　M09；	退刀；M09 为关闭切削液
N28	M05；	主轴停止
N30	M30；	程序结束

2.1.4　刀具半径补偿功能（G41 \ G42 \ G40）

1. 半径补偿功能作用

车刀刀位点为假想刀尖点，如图 2-13 所示。车削时，实际切削点是刀尖过渡刃圆弧与零件轮廓表面的切点。车外圆、端面时并无误差产生，因为实际切削刃的轨迹与零件轮廓一致。车锥面时，就会出现欠切削和过切削，从而引起加工形状和尺寸误差，使锥面精度达不到要求，如图 2-14 所示。

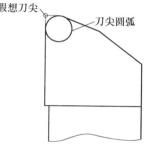

图 2-13　假想刀尖

采用刀尖半径补偿功能后，按零件轮廓线编程，数控系统会自动沿轮廓方向偏置一个刀尖圆弧半径，消除了刀尖圆弧半径加工圆锥产生的欠切削和过切削现象，如图 2-15 所示。

在数控切削加工中，为了提高刀尖的强度和工件加工表面质量，一般将车刀刀尖磨成圆弧形状。刀尖圆弧半径一般取 0.2 ~ 0.8mm，粗加工时取 0.8mm，半精加工取 0.4mm，精加工取 0.2mm。切削时，实际起作用的是圆弧上的各点。

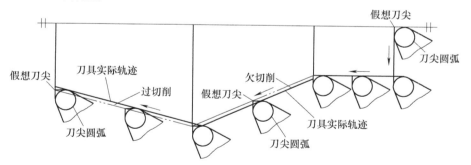

图 2-14　加工锥面时欠切削与过切削现象

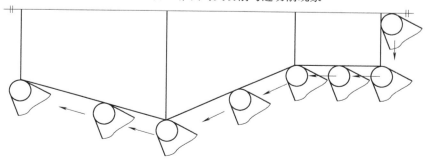

图 2-15　采用刀具半径补偿后刀具轨迹

2. 刀尖圆弧半径补偿指令

（1）刀具半径左补偿指令（G41）　沿刀具运动方向看，刀具在工件左侧时，称为刀具半径左补偿，如图 2-16 所示。

编程格式：G41　　G01　　（G00）　　X（U）＿＿　Z（W）＿＿　F＿＿;

（2）刀具半径右补偿指令（G42）　沿刀具运动方向看，刀具在工件右侧时，称为刀具半径右补偿，如图 2-17 所示。

编程格式：G42　　G01　　（G00）　　X（U）＿＿　Z（W）＿＿　F＿＿;

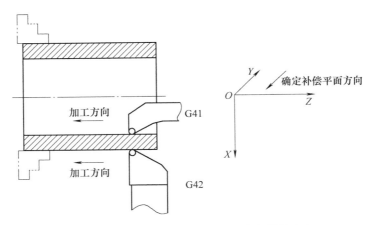

图 2-16　前置刀架补偿平面及刀具半径补偿方向

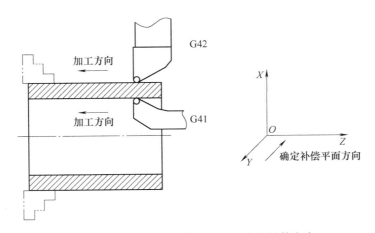

图 2-17　后置刀架补偿平面及刀具半径补偿方向

（3）取消刀具半径补偿指令（G40）

编程格式：G40　　G01　　（G00）　　X（U）＿＿　Z（W）＿＿;

（4）说明

1）G41、G42 和 G40 是模态指令。G41 和 G42 指令不能同时使用，即前面的程序段中如果有 G41，就不能接着使用 G42，必须先用 G40 取消 G41 后，才能使用 G42，否则补偿就不正常了。

2）不能在圆弧指令段建立或取消刀具半径补偿，只能在 G00 或 G01 指令段建立或取消。

3. 刀具半径补偿的过程

刀具半径补偿的过程分为三步。

第一步：刀补的建立。刀具中心从与编程轨迹重合过渡到与编程轨迹偏离一个补偿量的过程，如图 2-18a 所示。

第二步：刀补的运行。执行 G41 或 G42 指令的程序段后，刀具中心始终与编程轨迹相距一个补偿量。

第三步：刀补的取消。刀具离开工件，刀具中心轨迹过渡到与编程重合的过程。图 2-18b 所示为刀补建立与取消的过程。

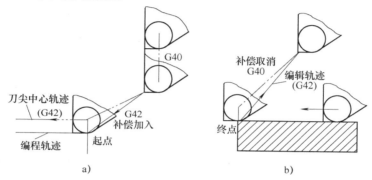

图 2-18　刀具半径补偿的建立与取消

a）刀补建立过程　b）刀补取消过程

4. 刀尖圆弧半径补偿的参数设置

（1）刀尖方位的确定　刀具刀尖半径补偿功能执行时除了和刀具刀尖半径大小有关外，还和刀尖的方位有关。即按假想刀尖的方位，确定补偿量。不同的刀具，刀尖圆弧的位置不同，刀具自动偏离零件轮廓的方向就不同。假想刀尖的方位有 8 种位置可以选择，如图 2-19 所示。箭头表示刀尖方向，如果按圆弧中心编程，则刀具方位选用 0 或 9。例如，车削外圆表面时，刀具方位选用 3。

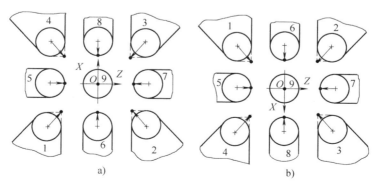

图 2-19　刀尖方位号

a）后置刀架　b）前置刀架

（2）刀具半径补偿量的设置　　对应每一个刀具补偿号，都有一组偏置量，即 X、Z 刀尖半径补偿量 R 和刀尖方位号 T。根据装刀位置、刀具形状确定刀尖方位号。例如，2 号刀（刀尖半径为 0.4mm、刀位号为 3）刀具半径补偿量的设置过程如下：首先根据 2 号刀位置确定刀尖方位号是 3；然后打开刀具偏置补偿"工具补正/形状"界面，将光标选中该刀所对应的番号"G _ 02"（通常选此番号同刀位号），输入"R0.400"后，再按软键盘上的"输入"就完成刀尖半径的设置；最后输入"T3"后，再按软键盘上的"输入"就完成刀尖方位号的设置。操作过程如图 2-20 所示。

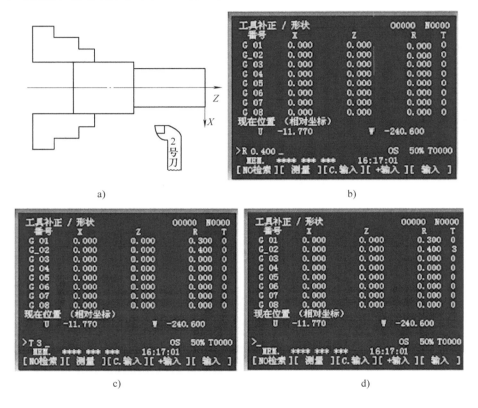

图 2-20　刀尖半径和方位号的设置

a）2 号刀的位置　　b）输入刀尖半径"R0.400"

c）输入方位号"T3"　　d）刀尖半径和方位号的输入结果

【例 2-4】　如图 2-21 所示，以工件右端面中心建立工件坐标系，且已粗加工，留单边余量 0.5mm。利用刀尖圆弧补偿指令编写精车轮廓程序见表 2-7（已知 3 号刀为外圆精车刀，且刀尖圆弧半径和方位号已设置好）。

表 2-7　圆弧补偿指令用法举例

	程　　序	注　　释
	O0001	主程序名
N2	G98　G21　G97　T0303；	初始化，选 3 号外圆刀并由刀偏建立工件坐标系
N4	M03　S1400；	转速为 1400r/min

（续）

程　　序		注　　释
	O0001	主程序名
N6	G00　X0.　Z10. ;	快速移到加工起始点
N8	G42　G01　X0.　Z0.　F80　M08 ;	建立刀补，进给速度为 80mm/min，M08 为打开切削液
N10	G03　X40.　Z－20.　R20. ;	X 轴坐标为直径编程，圆弧插补指令用 R 编程
N12	G01　Z－60. ;	加工圆柱面
N14	G02　X60.　Z－70.　R10. ;	加工圆弧
N16	G40　G00　X150.　Z150. ;	取消刀具补偿指令并退刀
N18	M09 ;	M09 为关闭切削液
N20	M05 ;	主轴停止
N22	M02 ;	程序结束

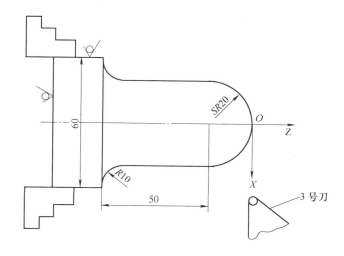

图 2-21　轴类零件图

2.1.5　外沟槽的加工

图 2-22 所示为具有多个环形槽的轴，假设其外轮廓、弧形锥面已加工完毕。试利用子程序编写环形槽加工程序。已知 2 号刀为切断刀且刀宽 4mm。

（1）切削参数　选择 $f = 0.1mm/r$，切槽的主轴转速为 500r/min，则进给速度为 50mm/min。程序中取 F100，加工时通过操作面板上倍率开关调节。

（2）加工轨迹　环形槽的加工轨迹如图 2-23 所示，5 次进刀加工完直槽后，第 6 次进刀加工两侧 C1.5 倒角，并精加工槽底。

（3）加工程序　为了简化编程，将一个槽的加工程序编成子程序，然后由主程序两次调用。加工程序见表 2-8。

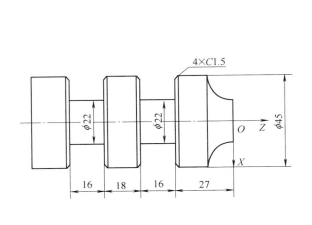

图 2-22　环形槽的加工

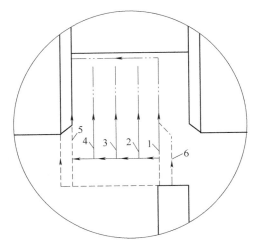

图 2-23　环形槽加工轨迹局部放大图

表 2-8　环形槽的加工程序

程　序		注　释
O00001		主程序名
N2	G98　G21　G97；	初始化(每分进给；米制单位；固定转速)
N4	T0202；	换 2 号切断刀并由刀偏建立工件坐标系
N6	M03　S500；	主轴转速为 500r/min
N8	G00　X50.；	
N10	Z - 31.　M08；	快速移到加工起始点，切削液开
N12	M98　P0002；	调用子程序加工第 1 个环形槽
N14	G00　Z - 65.；	
N16	M98　P0002；	调用子程序加工第 2 个环形槽
N18	G00　X150.　M09；	退刀，关闭切削液
N20	Z200.；	快速远离零件
N22	M05；	主轴停止
N24	M30；	程序结束
O00002		子程序名
N2	G01　X22.4　F100；	第 1 次进刀，进给速度 100mm/min，留单边余量 0.2mm
N4	X48.；	退刀
N6	W - 3.；	左移定位
N8	X22.4；	第 2 次进刀
N10	X48.；	退刀
N12	W - 3.；	左移定位
N14	X22.4；	第 3 次进刀
N16	X48.；	退刀

（续）

程　序	注　释
O0002	子程序名
N18　W－3.；	左移定位
N20　X22.4；	第 4 次进刀
N22　X48.；	退刀
N24　W－3.；	左移定位
N26　X22.4；	第 5 次进刀，得到宽 16mm 槽
N28　X50.；	退刀
N30　G00　W13.5；	快速返回定位
N32　G01　X45.；	移至倒角、精加工槽底起点
N34　X42.　W－1.5；	倒角 $C1.5$（右边）
N36　X22.；	至槽底
N38　W－12.；	精加工槽底
N40　X45.；	退刀
N42　W－1.5；	
N44　X42.　W1.5；	倒角 $C1.5$（左边）
N46　X50.；	退刀
N48　M99；	子程序结束返回

2.1.6　成形面的分层加工

如图 2-24 所示的手柄零件，毛坯为 $\phi55mm$ 的棒料，材料为硬铝。试利用子程序指令编写其粗、精加工程序。已知：在工件坐标系中，圆弧基点坐标为 A（17.14，－4.85）、B（36.09，－63.64）、C（38.68，－134.9）、D（40，－140）。

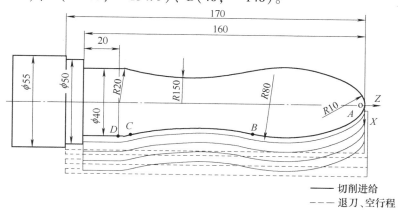

图 2-24　手柄零件图

（1）刀具选择及切削参数的选择　1 号刀：93°菱形外圆刀。粗、精加工用同一把刀具。粗加工切削用量：主轴转速为 800r/min；进给速度为 180mm/min；背吃刀量为 2.5mm。精加工切削用量：主轴转速为 1400r/min；进给速度为 120mm/min；背吃刀量为 0.5mm。

（2）工艺路线　手柄的加工轨迹如图 2-24 所示。刀具由外向内分层车削。

（3）加工程序　将手柄零件的精加工轨迹编写成子程序，然后由主程序多次调用。零件加工程序见表2-9。

表2-9　手柄的加工程序

程　序		注　释
O0001		主程序名
N2	G98 ;	每分进给
N4	M03　S800　T0101 ;	转速为 800r/min;换 1 号外圆刀并建立工件坐标系
N6	G00　G42　X55.5　Z3.　F180 ;	快速移到加工起始点,加刀补,进给速度为 180mm/min
N8	M98　P110002 ;	调用子程序(0002),重复执行 11 次。外轮廓粗加工
N10	G01　U4.5　S1400　F120 ;	后移 4.5mm
N12	M98　P0002 ;	调用子程序(0002),次数为 1 次。外轮廓精加工
N14	G40　G00　X100.　Z200. ;	退刀,取消刀补
N16	M05 ;	主轴停转
N18	M30 ;	程序结束
O0002		主程序名
N22	G01　U－5. ;	X 轴增量编程,进给 5mm
N24	Z0. ;	移到 O
N26	G03　U17.14　Z－4.85　R10. ;	相对于精加工轮廓描述,即 O→A
N28	G03　U18.95　Z－63.64　R80. ;	A→B
N30	G02　U2.59　Z－134.9　R150. ;	B→C
N32	G03　U1.32　Z－140.　R20. ;	C→D
N34	G01　Z－160. ;	加工 $\phi40$ 的圆柱面
N36	U10. ;	加工 $\phi50$ 的端面
N38	Z－170. ;	加工 $\phi50$ 的圆柱面
N40	U8. ;	避让工件
N42	G00　Z3. ;	Z 向快速返回
N44	U－58. ;	抵消避让,切入进给 1 次
N46	M99 ;	子程序结束返回

2.2　循环功能指令

2.2.1　单一固定循环指令（G90\G94）

单一固定循环指令可以把一系列连续加工工步动作，如"切入→切削→退刀→返回"，用一个循环指令完成，从而简化编程。其指令如下。

1. 小、大径切削单一固定循环指令（G90）

（1）切削内、外圆柱面　编程格式为

G90　X（U）__　Z（W）__　F__;

式中　　X、Z——切削段的终点绝对坐标值；

　　　　U、W——切削段的终点相对于循环起点的增量坐标值；

　　　　　F——进给速度。

如图 2-25 所示，刀具从 A 点开始，沿 X 轴快速移动到 B 点，再以 F 指令的进给速度切削到 C 点，以切削进给速度退到 D 点，最后快速退回到出发点 A，完成一个切削循环，从而简化编程。

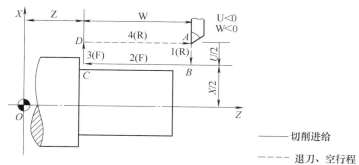

图 2-25　圆柱面单一固定循环

R—快速进给　F—切削进给

【例 2-5】　对图 2-26 所示零件，试利用圆柱面单一固定切削循环指令编写 $\phi30\mathrm{mm}$ 圆柱面粗、精加工程序。其中粗、精主轴转速分别为 800r/min 和 1200r/min，进给速度分别为 120mm/min 和 100mm/min。刀具为 3 号外圆车刀，粗加工背吃刀量为 2mm，精加工余量单边为 0.5mm。

解： 加工轨迹如图 2-26 所示。加工程序见表 2-10。

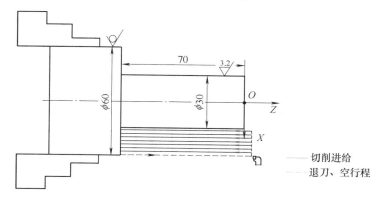

图 2-26　大径单一固定循环应用举例

表 2-10　外径单一固定循环举例程序

	程　　　序	注　　　释
	O0001	主程序名
N2	G98　G21　G97；	初始化（每分进给；米制单位；固定转速）
N4	M03　S800　T0303；	主轴转速 800r/min；换 3 号外圆刀并由刀偏建立工件坐标系

（续）

程　序		注　释
O00001		主程序名
N6	G00　X64.　Z5. ；	快速移到加工起始点
N8	G90　X59.　Z－70.　F120　M08；	进给速度为120mm/min，M08为打开切削液。粗加工
N10	X55. ；	G90为模态指令
N12	X51. ；	
N14	X47. ；	
N16	X43. ；	
N18	X39. ；	
N20	X35. ；	
N22	X31. ；	
N24	X30.　F100　S1200；	进给速度为100mm/min，主轴转速为1200r/min。精加工
N26	G00　X150.　Z150. ；	退刀
N28	M09；	M09为关闭切削液
N30	M05；	主轴停止
N32	M02；	程序结束

（2）切削内、外圆锥面　编程格式为

G90　X（U）＿＿　Z（W）＿＿　R＿＿　F＿＿；

式中　X、Z、U、W——含义同上；

R——圆锥面切削起点和切削终点的半径差；若起点坐标值大于终点坐标值时，（X轴方向），R为正，反之为负；

F——含义同上。

如图2-27所示，刀具从A点开始，沿X轴快速移动到B点，再以F指令的进给速度切削到C点，以切削进给速度退到D点，最后快速退回到出发点A，完成一个切削循环。

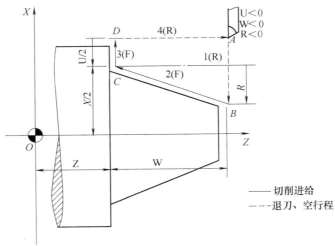

图2-27　圆锥面单一固定循环

R—快速进给　F—切削进给

【例 2-6】　如图 2-28 所示，加工工件的锥面，固定循环的起始点为（X65.0，Z5.0）背吃刀量为 2mm，精加工余量单边为 0.5mm，利用单一固定切削循环指令编写圆锥面粗、精加工程序（刀具为 1 号外圆车刀）。

解：加工轨迹如图 2-28 所示。加工程序见表 2-11。

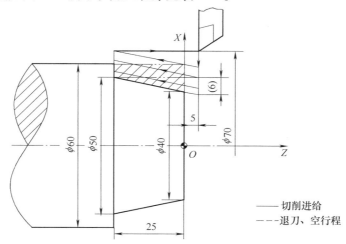

—— 切削进给
--- 退刀、空行程

图 2-28　锥面车削固定循环加工实例

表 2-11　锥面的固定循环加工程序

程　　序		注　　释
O0002		主程序名
N2	G98　G21　G97；	初始化（每分进给；米制单位；固定转速）
N4	M03　S800　T0101；	转速为 800r/min；换 1 号刀并建立工件坐标系
N6	G00　X70.　Z5.；	快速移到加工起始点
N8	G90　X66.　Z-25.　R-6.　F120　M08；	M08 为打开切削液。粗加工
N10	X62.；	G90 为模态指令
N12	X58.；	
N14	X54.；	
N16	X51.；	
N17	X50.　F100　S1200；	进给速度为 100mm/min，主轴转速为 1200r/min。精加工
N18	G00　X150.　Z150.；	退刀
N20	M09；	M09 为关闭切削液
N22	M05；	主轴停止
N24	M02；	程序结束

2. 端面切削单一固定循环指令（G94）

（1）平端面切削循环　编程格式为

G94　X（U）__　Z（W）__　F__；

式中，X、Z、U、W、F 的含义同 G90。其切削循环过程如图 2-29a 所示。

（2）锥形端面切削循环　编程格式为

G94　X（U）__　Z（W）__　R__　F__;

式中，X、Z、U、W、F 的含义与 G90 相同，R 为 Z 轴上圆锥面起点减去终点的值。其切削循环过程如图 2-29b 所示。

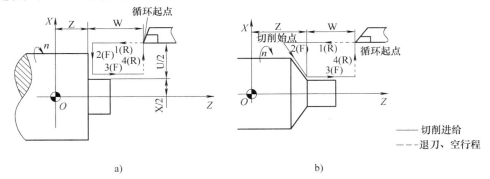

图 2-29　端面切削单一固定循环
a）G94 端面车削固定循环　b）G94 锥形端面车削固定循环
R—快速进给　F—切削进给

【例 2-7】　对图 2-30 所示零件，利用端面切削单一固定切削循环指令编写加工程序，已知刀具为 3 号外圆车刀。

解：切削过程可以分两步走，即先加工圆柱面，再加工圆锥面，加工轨迹如图 2-31 所示。加工程序见表 2-12。

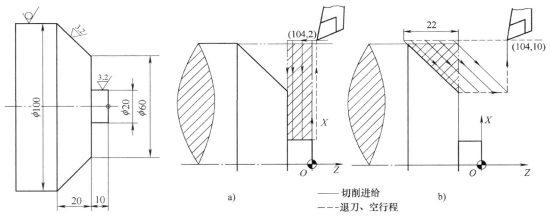

图 2-30　端面切削单一
固定切削循环实例

图 2-31　车削轨迹解析示意图
a）车削平端面　b）车削锥形端面

表 2-12　端面切削用法举例

	程　　序	注　　释
	O0001	主程序名
N2	G98　G21　G97;	初始化（每分进给;米制单位;固定转速）
N4	M03　S1000　T0303;	主轴转速为 1000r/min;换 3 号刀并建立工件坐标系
N6	G00　X104.　Z2.;	快速移到加工起始点

（续）

程　序		注　释
O0001		主程序名
N8	G94　X20.　Z – 2.5　F100　M08；	平端面切削循环
N10	Z – 5.5；	G94 为模态指令
N12	Z – 7.5；	
N14	Z – 9.5；	
N16	Z – 10.；	精加工，背吃刀量单边为 0.5mm
N18	G00　X104.　Z10.；	快速移到下一个锥面加工起始点
N20	G94　X60.　Z6.　R – 22.；	锥形端面切削循环车削
N22	Z2.；	
N24	Z – 2.；	
N26	Z – 6.；	
N28	Z – 9.5；	
N30	Z – 10.；	最后一刀，精加工
N32	G00　X150.　Z150.；	退刀
N34	M09；	M09 为关闭切削液
N36	M05；	主轴停止
N38	M02；	程序结束

2. 2. 2　复合循环指令（G71 \ G72 \ G73 \ G70）

利用复合循环指令，只需要在程序中对零件轮廓的走刀轨迹和相关的加工参数设定，机床即可自动完成从粗加工到精加工的全过程，这样可以大大简化编程工作。

1. 内、外圆粗车复合循环指令（G71，图 2-32）

1）编程格式：G71　U（Δd）　R（e）；

　　　　　　　　G71　P（n_s）　Q（n_f）　U（Δu）　W（Δw）　F（f）　S（s）　T（t）；

式中　Δd——每次切削深度（半径值）。一般 45 钢取 1 ~ 2mm，铝件取 1.5 ~ 3mm；

　　　e——每次循环的退刀量（半径值）。一般取 0.5 ~ 1mm；

　　　n_s——精车加工程序第一个程序段的顺序号；

　　　n_f——精车加工程序最后一个程序段的顺序号；

　　　Δu——X 轴精加工余量（直径指定）。加工小径轮廓时，为负值；

　　　Δw——Z 轴精加工余量；

f、s、t——辅助功能代码分别代表粗加工的进给速度、主轴转速和使用的刀具号。

2）需要说明的是：

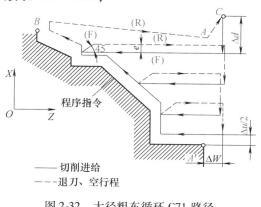

—— 切削进给
--- 退刀、空行程

图 2-32　大径粗车循环 G71 路径

F—切削进给　R—快速移动

①在使用 G71 进行粗加工时，只有包含在 G71 指令程序段中 F、S 指令值在粗加工循环中有效，而包含在 n_s 到 n_f 程序段中的任何 F、S 指令值在粗加工循环中无效。在 n_s 到 n_f 程序段中的 F、S 指令在执行 G70 精加工时有效。

②区别外圆、内孔；正、反阶梯由 X 轴、Z 轴上精加工余量 Δu、Δw 的正负值来决定，具体如图 2-33 所示。

③使用 G71 指令时，工件径向尺寸必须单向递增或递减。

④调用 G71 前，刀具应处于循环起始点 A 处，A 点的位置随加工表面不同而不同。

⑤顺序号 n_s 到 n_f 之间程序段不能调用子程序。

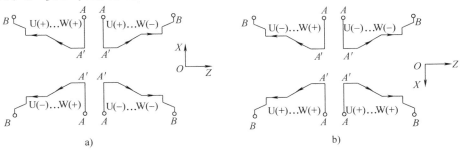

图 2-33　前置刀架和后置刀架加工不同表面时 Δu、Δw 的正负

a) 后置刀架　b) 前置刀架

2. 精加工复合循环指令（G70）

使用 G71、G72 或 G73 指令完成粗加工后，用 G70 指令实现精车循环，精车时的加工余量是 Δu、Δw。

1) 编程格式：G70　P(n_s)　Q(n_f)；

式中　n_s——精加工路线的第一个程序段的顺序号；

　　　n_f——精加工路线的最后一个程序段的顺序号。

2) 需要说明的是 G70 指令与 G71、G72、G73 配合使用时，不一定紧跟在粗加工程序之后立即进行。通常可以更换刀具，可用一把精加工的刀具来执行 G70 的程序段，但中间不能用 M02 或 M30 指令来结束程序。

【例 2-8】　对图 2-34 所示零件，利用 G71 和 G70 指令编写外轮廓粗、精加工程序。已知外圆车刀为 3 号刀；粗、精主轴转速分别为 800r/min 和 1200r/min；进给速度分别为 120mm/min 和 100mm/min；粗加工背吃刀量为 1.5mm，精加工余量单边为 0.3mm。

解：零件的加工轨迹如图 2-34 所示。加工程序见表 2-13。

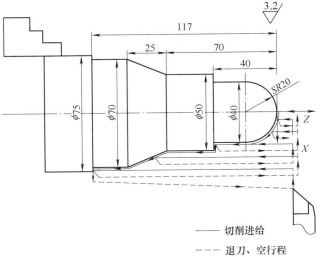

—— 切削进给

--- 退刀、空行程

图 2-34　G71 编程举例

表 2-13　G71 用法举例

程 序		注 释
	O0002	主程序名
N2	G98　G21　G97;	初始化(每分进给;米制单位;固定转速)
N4	T0303;	换 3 号外圆刀并由刀偏建立工件坐标系
N6	M03　S800;	转速为 800r/min
N8	G00　X79.　Z3.　M08;	移动至加工起始点,打开切削液
N10	G71　U1.5　R1.;	外圆粗车复合固定循环切削:粗加工背吃刀量为 1.5mm,循环的退刀量为 1mm
N12	G71　P14　Q30　U0.6　W0.3　F120;	粗加工进给速度为 120mm/min
N14	G00　X0.;	P14:粗加工第 1 个程序段段号。
N16	G01　Z0.　F100　S1200;	精加工进给速度为 100mm/min,主轴转速为 1200r/min
N18	G03　X40.　Z-20.　I0.　K-20.;	X 轴坐标为直径编程。圆弧插补指令用 I、K 增量编程
N20	G01　Z-40.;	加工 $\phi40$ 的圆柱面
N22	X50.;	加工 $\phi50$ 的端面
N24	Z-70.;	此段执行的是 G01 指令,此指令为模态指令。加工 $\phi50$ 的圆柱面
N26	X70.　Z-95.;	加工锥面
N28	Z-117.;	加工 $\phi70$ 的圆柱面
N30	X77.;	Q30:粗加工最后 1 个程序段段号。
N32	G70　P14　Q30;	精加工复合循环切削
N34	G00　X100.　Z200.　M09;	退刀,关闭切削液
N36	M05;	主轴停止
N38	M30;	程序结束

3. 端面粗车复合循环指令（G72）

1）编程格式：G72　W(Δd)　R(e)；

　　　　　　　G72　P（n_s）　Q（n_f）　U（Δu）　W（Δw）　F（f）　S（s)T(t）；

式中　Δd——每次切削深度；其余参数含义同 G71。G72 适用于对大小径之差较大而长度较短的盘类工件，其走刀轨迹如图 2-35 所示。

2）需要说明的是：

①在使用 G72 进行粗加工时，只有 f、s、t 包含在 G72 指令程序段中，F、S、T 功能在循环粗加工有效，而 f、s、t 包含在 n_s 到 n_f 程序段中的任何 F、S 或 T 功能在粗加工循环中被忽略，相反在 n_s 到 n_f 程序段中的任何 F、S 或 T 功能对 G70 精加工有效。

②该指令适用于随 Z 坐标的单调增加或减少，X 坐标也单调变化的情况。

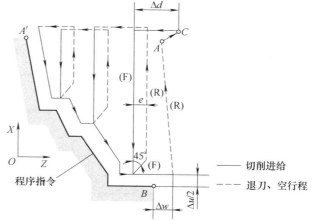

图 2-35　端面切削复合循环 G72 路径

F—切削进给　R—快速移动

【例2-9】　对图2-36所示零件，利用G72和G70指令编写外轮廓粗、精加工程序。已知外圆车刀为3号刀；粗、精主轴转速分别为800r/min和1200r/min；进给速度分别为120mm/min和100mm/min；粗加工背吃刀量为1.5mm，精加工余量为0.3mm。

解：零件的加工轨迹如图2-34所示。其加工程序见表2-14。

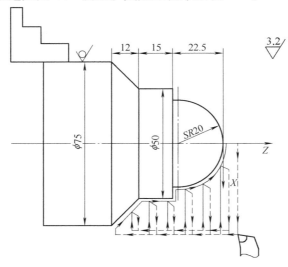

图2-36　G72编程举例

表2-14　G72用法举例

程　　序			注　　释
		O0001	主程序名
N2	G98　G21　G97		初始化(每分进给；米制单位；固定转速)
N4	T0303		换3号外圆刀并由刀偏建立工件坐标系
N6	M03　S800		主轴转速为800r/min
N8	G00　X79.　Z3.　M08　G41		移动至加工起始点
N10	G72　W1.5　R1.		端面粗车复合固定循环切削；粗加工背吃刀量为1.5mm，循环的退刀量为1mm
N12	G72　P14　Q28　U0.6　W0.3　F120		粗加工进给速度为120mm/min
N14	G00　Z－49.5		P14：粗加工第1个程序段段号，快速移到加工起始点
N16	G01　X75.　F100　S1200		精加工进给速度为100mm/min，主轴转速为1200r/min
N18	X50.　Z－37.5		加工锥面
N20	Z－22.5		加工ϕ50mm的圆柱面
N22	X40.		
N24	Z－20.		此段执行的是G01指令，此指令为模态指令
N26	G02　X0.　Z0.　R20.		圆弧插补
N28	G01　Z3.		Q28：粗加工最后1个程序段段号
N30	G70　P14　Q28		精加工复合循环切削
N32	G00　X100.　Z200.　M09　G40		退刀
N34	M05		主轴停止
N36	M30		程序结束

4. 固定形状粗车循环指令（G73，图 2-37）

G73 指令主要用于加工毛坯形状与零件轮廓形状基本接近的铸造成形、锻造成形或已粗车成形的工件。使用 G73 可以减少空行程，提高加工效率。

1）编程格式：G73　U(Δi)　W(Δk)　R(d)

　　　　　　　G73　P(n_s)　Q(n_f)　U(Δu)　W(Δw)　F(f)　S(s)　T(t)

式中　Δi——X 轴方向退刀量的距离和方向（半径指定）；

　　　Δk——Z 轴方向退刀量的距离和方向；

　　　　d——重复加工次数；

　　　n_s——精车加工程序第一个程序段的顺序号；

　　　n_f——精车加工程序最后一个程序段的顺序号；

　　　Δu——在 X 方向精加工余量的距离和方向（直径）指定；

　　　Δw——在 Z 轴方向精加工余量的距离和方向；

f、s、t——辅助功能代码分别代表粗加工的进给速度、主轴转速和使用的刀具号。

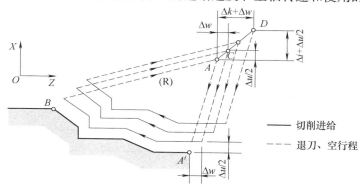

图 2-37　固定形状复合循环 G73 路径

2）需要说明的是：

在使用 G73 进行粗加工时，只有 f、s、t 包含在 G73 指令程序段中 F、S、T 功能在循环粗加工有效，而 f、s、t 包含在 n_s 到 n_f 程序段中的任何 F、S 或 T 功能在粗加工循环中被忽略，相反在 n_s 到 n_f 程序段中的任何 F、S 或 T 功能对 G70 精加工有效。

【例 2-10】　对图 2-38 所示零件，利用 G73 和 G70 指令编写外轮廓粗、精加工程序。已知 Δu = 1.0mm，Δw = 0.5mm，Δi = 9.5mm，Δk = 9.5mm，d = 5mm。外圆车刀为 3 号刀，粗、精主轴转速分别为 800r/min 和 1200r/min。进给速度分别为 120mm/min 和 100mm/min。

解：零件的加工轨迹如图 2-38

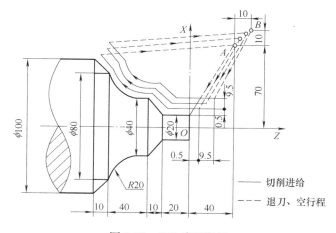

图 2-38　G73 编程举例

所示。其加工程序见表2-15。

表2-15　G73用法举例

程　　序	注　　释
O0001	主程序名
N2　G98　G21　G97；	初始化（每分进给；米制单位；固定转速）
N4　T0303；	换3号外圆刀并由刀偏建立工件坐标系
N6　M03　S800；	主轴转速为800r/min
N8　G00　G42　X140.　Z40.　M08；	移动至加工起始点
N10　G73　U9.5　W9.5　R5.；	平行轮廓粗车复合固定循环切削
N12　G73　P14　Q26　U1.0　W0.5　F120；	粗加工进给速度为120mm/min
N14　G00　X20.　Z2.；	P14：粗加工第1个程序段段号，快速移到加工起始点
N16　G01　Z-20.　F100　S1200；	精加工进给速度为100mm/min，主轴转速为1200r/min
N18　X40.　W-10.；	
N20　W-20.；	
N22　G02　X80.　W-20.；　R20.；	
N24　G01　X100.　W-10.；	
N26　X104.；	Q26：粗加工最后1个程序段段号
N28　G70　P14　Q26；	精加工复合循环切削
N30　G00　G40　X100.　Z200.　M09；	退刀
N32　M05；	主轴停止
N34　M30；	程序结束

2.2.3　轴类零件的加工

图2-39所示轴类零件，毛坯为ϕ40mm的棒料，未注倒角为C1.5，试编写零件加工程序。已知O_1（0，52.729）

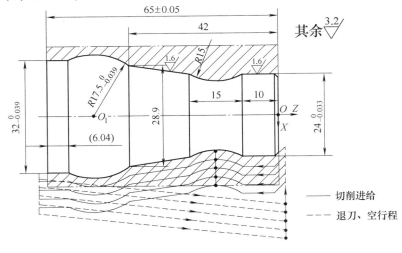

图2-39　轴类零件

1. 刀具选择及切削参数的选择

（1）刀具选择（图 2-40）

1 号刀：90°外圆车刀，副偏角 30°（粗车刀）。

2 号刀：93°外圆车刀，副偏角 30°（精车刀）。

3 号刀：切断刀，刀宽 4mm。

（2）切削参数的选择　根据加工表面质量要求、刀具和工件材料，参考切削用量手册或机床使用说明书选取：光端面的主轴转速为 80m/min，进给速度为 0.1mm/r；粗、精车外轮廓的主轴转速分别选为 80m/min 和 100m/min，进给速度分别选为 0.12mm/r 和 0.08mm/r；切断的主轴转速为 300r/min，进给速度为 30mm/min。

图 2-40　刀具示意图

2. 工艺方案

1）三爪自定心卡盘夹紧零件外圆，手动光右端面。

2）用 1 号刀、2 号刀粗、精加工工件外轮廓。

3）用 3 号刀切断。

3. 加工程序（表 2-16）

表 2-16　轴类零件的加工程序

程　　序				注　　释
O0001				主程序名
N2	G99　G21　G97;			初始化(每转进给;米制单位;固定转速)
N4	T0101;			换 1 号 90°外圆车刀并由刀偏建立工件坐标系
N6	M03　S800;			主轴转速为 800r/min
N8	G96　S80;			恒线速为 80m/min
N10	G50　S1800;			限制最高转速为 1800r/min
N12	G00　G42　X50.　Z20.　M08;			快速移到加工起始点,打开切削液
N14	G73　U10.　W0.　R5.;			固定形状粗车循环
N16	G73　P20　Q26　U0.6　W0.3　F0.12;			粗加工循环(右端)进给量 0.12mm/r,单边余量 0.3mm
N20	G00　X17.　S100;			N20～N26,精加工轮廓描述
	G01　X24.　Z-1.5　F0.08;			加工倒角
	Z-10.;			加工 φ24mm 的圆柱面
	G02　X24.　Z-25.　R15.;			圆弧插补
	G01　X28.9　Z-42.;			加工锥面
	G03　X32.　Z-59.96　R17.5;			圆弧插补
	G01　Z-69.;			加工 φ32mm 的圆柱面
N26	X36.;			
N28	G00　G40　X100.　Z100.;			退刀
N30	T0202;			换 2 号外圆精车刀
N32	G00　G42　X40.　Z2.;			快速移到加工起始点
N34	G70　P20　Q26;			精加工循环
N36	G00　G40　X100.　Z100.;			退刀
N38	T0303;			换 3 号切断刀
N40	G98　G97　F30　S300;			每分进给,30mm/min;恒转速,300r/min

（续）

程　序		注　释
	O0001	主程序名
N42	G00　X45.　Z－69.；	快速移到加工起始点
N44	G01　X0.；	切断
N46	X42.　F200；	
N48	G00　X100.　Z100.；	退刀
N50	M05；	主轴停止
N52	M02；	程序结束

2.2.4　套类零件的加工

实例一：假设图 2-41 所示零件外圆轮廓已加工完毕，试编写内圆轮廓加工程序。零件材料为硬铝。

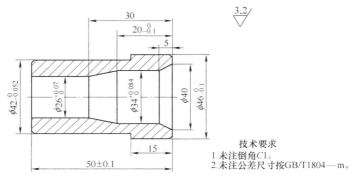

图 2-41　套类零件

1. 刀具选择

1 号刀：$\phi 18mm$ 的钻头（手动）

2 号刀：内孔镗刀

2. 工艺方案

1）三爪自定心卡盘夹持左端外圆柱面，利用尾座钻孔至 $\phi 18$。

2）使用内孔镗刀粗、精镗内孔。用 G71、G70 编程，刀具运动轨迹如图 2-42 所示。

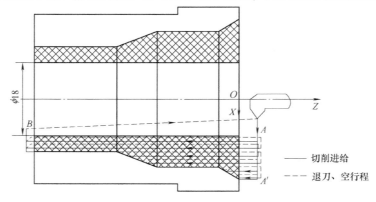

图 2-42　刀具路径分析

3. 加工程序（表2-17）

表 2-17　套类零件的加工程序

程　序		注　释
O0001		主程序名
N2	G98　G21　G97;	初始化(每分钟进给;米制单位;固定转速)
N4	T0202;	换2号外圆刀并由刀偏建立工件坐标系
N6	M03　S800;	主轴转速为800r/min
N8	G00　X12.　Z5.;	移动至加工起始点
N10	G71　U1.5　R1.;	平行轮廓粗车复合固定循环切削
N12	G71　P14　Q24　U−0.5　W0.2　F120;	粗加工进给速度为120mm/min
N14	G00　X40.;	精加工轮廓描述首段,快速移到加工起始点 A'
N15	G01　Z0.	
N16	G01　X34.042　Z−5.　F80　S1200;	精加内轮廓进给速度为80mm/min和主轴转速为1200r/min,加工倒角
N18	Z−19.95;	加工 ϕ34mm 的内孔
N20	X26.035　Z−30.;	加工内锥面
N22	Z−52.;	加工 ϕ26mm 的内孔
N24	G00　X18.;	精加工轮廓描述末段,退刀至 B 点
N28	G70　P14　Q24;	精加工复合循环切削
N30	G00　X100.　Z200.;	退刀
N32	M05;	主轴停止
N34	M30;	程序结束

实例二：如图 2-43 所示套类零件，毛坯为 ϕ40mm × 50mm 的棒料，试编写零件加工程序。已知：A（26，−15）、B（22.1，−18.571）、C（20，−22.141）、O_1（16，−15）。

1. 刀具选择及切削参数的选择

（1）刀具选择

1 号刀：90°外圆硬质合金车刀。

2 号刀：内孔镗刀。

3 号刀：切槽刀，刀宽5mm。

（2）切削参数的选择　根据加工表面质量要求、刀具和工件材料，参考切削用量手册或机床使用说明书选取：右端面的主轴转速为 800r/min，进给速度为 80mm/min；粗、精车外轮廓的主轴转速分别选为 800r/min 和 1200r/min，进给速度分别选

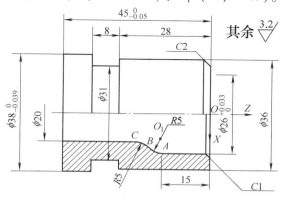

图 2-43　轴套零件

为 120mm/min 和 100mm/min；内轮廓粗、精镗的主轴转速分别选为 800r/min 和 1200r/min，进给速度分别选为 100mm/min 和 80mm/min；切槽的主轴转速为 400r/min，进给速度为 30mm/min。

2. 工艺路线

1）三爪自定心卡盘夹紧零件左端外圆，手动平端面、钻内孔 $\phi20mm$ 至 $\phi18mm$。

2）用 1 号刀粗、精加工工件外轮廓至尺寸为 $\phi36mm \times 28mm$。

3）用 2 号刀粗、精镗内轮廓至图 2-43 所示尺寸。

4）调头，垫铜皮，夹右端外圆找正，用 1 号刀车端面保证总长并粗、精加工外轮廓 $\phi38mm \times 17mm$。

5）调用 3 号刀车槽 $\phi31mm \times 8mm$ 至尺寸要求。

3. 加工程序（表 2-18）

表 2-18　轴套零件加工程序举例

程　　　　序	注　　　释
1）零件右端加工程序	
O0001	主程序名
N2　G98　G21　G97；	初始化(每分进给；米制单位；固定转速)
N4　T0101；	调 1 号外圆刀并由刀偏建立工件坐标系
N6　M03　S800；	主轴转速为 800r/min
N8　G00　X45.　Z5.　M08；	快速移到加工起始点
N10　G90　X39.　Z−28.5　F120；	外圆单一固定循环，进给速度为 120mm/min
N12　X37.；	
N14　X36.　F100　S1200；	精加工：主轴转速为 800r/min，进给速度为 100mm/min
N16　G00　X22.　Z5.；	刀具移动至倒角起点
N18　G01　X36.　Z−2.　S800；	车倒角 C2
N20　G00　X150.　Z200.；	退回换刀点
N22　T0202；	换 2 号镗孔刀
N24　G00　X14.　Z2.；	刀具移动至循环加工起始点
N26　G71　U1.　R0.5；	内孔粗车循环，背吃刀量为 1mm，退刀量为 0.5mm
N28　G71　P30　Q40　U−0.6　W0.3　F100；	粗加工循环：进给速度为 100mm/min，精加工余量单边 0.3mm
N30　G00　X32.；	精加工轮廓描述首段
N32　G01　X26.　Z−1.　F80　S1200；	倒角，主轴转速为 1200r/min，进给速度为 80mm/min
N34　Z−15.；	至 A 点
N36　G03　X22.1　Z−18.571　R5.；	加工圆弧 R5mm 至 B 点，B(22.1，−18.571)
N38　G02　X20.　Z−22.141　R5.；	加工圆弧 R5mm 至 C 点，C(20，−22.141)
N40　G01　Z−53.；	精加工轮廓描述末段
N42　G70　P30　Q40；	精加工循环
N44　G00　Z200.；	退刀
N46　X150.；	
N48　M09；	关闭切削液
N50　M05；	主轴停止
N52　M02；	程序结束

（续）

程　　序	注　　释
2）调头，零件左端加工程序	
O0002	主程序名
N2　G98　G21　G97；	初始化（每分进给；米制单位；固定转速）
N4　T0101；	调 1 号外圆刀并由刀偏建立工件坐标系
N6　M03　S800；	主轴转速为 800r/min
N8　G00　X45.　Z2.　M08；	快速移到加工起始点
N10　G01　X - 0.5　F40；	粗车端面，进给速度为 40mm/min
N12　X45.；	
N14　M00；	暂停，检测
N16　Z0.；	根据测量结果可做适当调整
N18　X - 0.5；	精车右端面，控制长度尺寸
N20　G00　X45.　Z2.；	回退至循环车削起点
N22　G90　X39.　Z - 16.8　F120；	外圆单一固定循环，进给速度为 120mm/min
N24　X37.98　F100　S1200；	精加工：主轴转速为 1200r/min，进给速度为 100mm/min
N26　G00　X150.　Z200.；	退回换刀点
N28　T0303；	换 3 号切槽刀并由刀偏建立工件坐标系
N30　G00　X42.　Z - 17.　S400；	快速移到下一个加工起始点
N32　G01　X31.5　F30；	切槽进给速度为 30mm/min
N34　G00　X40.；	
N36　Z - 14.；	
N38　G01　X31.5；	
N40　G00　X40.；	
N42　Z - 17.；	
N44　G01　X31.；	
N46　Z - 14.；	横车槽底
N48　G00　X150.；	退刀
N50　Z200.；	
N52　M09；	关闭切削液
N54　M05；	主轴停止
N56　M30；	程序结束

2.3　螺纹加工指令

2.3.1　螺纹加工的相关基本知识

　　螺纹联接和螺纹传动在机械设备中应用很广泛。数控车床可以实现多种螺纹的加工，主要类型有：内（外）圆柱螺纹、圆锥螺纹、单线或多线螺纹、等螺距或变螺距螺纹等。无论车削哪一种螺纹，车床主轴与刀具之间必须保持严格的运动关系，即主轴每转一转（工件每转一转），刀具应均匀地进给一个工件螺纹导程的距离。以下通过对普通三角形螺纹的基本知识学习，来理解并掌握普通螺纹编程与加工的一般方法。

1. 普通三角形螺纹的基本牙型

普通三角形螺纹的基本牙型如图 2-44 所示，各基本尺寸的名称如下：

D、d——螺纹的基本大径，即螺纹的公称直径。内、外螺纹分别用符号 D 和 d 表示；

D_2、d_2——螺纹中径，是指一个螺纹上牙槽宽与牙宽相等地方的直径。内、外螺纹中径分别用 D_2 和 d_2 表示。只有内、外螺纹中径都一致时，两者才能很好地配合；

D_1、d_1——螺纹的基本小径。内、外螺纹小径分别用 D_1 和 d_1 表示；

P——螺距，是指沿轴线方向上相邻两牙间对应点的距离；

H——原始三角形高度。

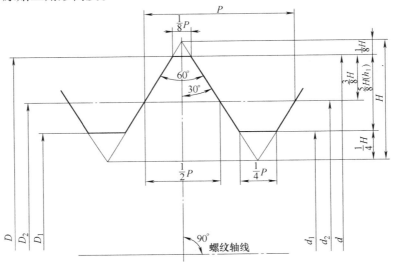

图 2-44　普通三角形螺纹的基本牙型

2. 螺纹的主要参数（以外螺纹为例，见表 2-19）。

表 2-19　三角形外螺纹主要参数及计算公式

名　称	代　号	计　算　公　式
牙型角	α	$60°$
螺距	P	
螺纹大径	d	
螺纹中径	d_2	$d_2 = d - 0.6495P$
牙型高度	h_1	$h_1 = 0.5413P$
螺纹小径	d_1	$d_1 = d - 2h_1 = d - 1.083P$

3. 螺纹数控加工中常用参数确定和注意事项

（1）螺纹加工前工件直径　切削加工过程是一个挤压、塑性变形、断裂的过程，外螺纹加工后直径会变大 Δd，内螺纹加工后直径会变小 Δd。所以加工内螺纹时，孔径应车削到 $d + \Delta d$；加工外螺纹时，直径应车削到 $d - \Delta d$。其中，Δd 可选为 $0.1P$（螺距），也可根据材料变形能力大小，选取 $0.1 \sim 0.5\mathrm{mm}$。

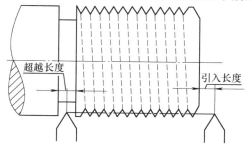

（2）引入长度、超越长度　由于机床伺服系统本身具有滞后特性，会在起始段和停止段发生螺纹的螺距不规则现象，故应考虑刀具的引入长度和超越长度，被加工螺纹的长度应该是引入长度、超越长度和螺纹长度之和，如图 2-45 所示。一般引入长度为螺距的 $2 \sim 3$ 倍，对

图 2-45　引入长度和超越长度

于大螺距和高精度的螺纹取大值；超越长度一般取引入长度的一半左右，若螺纹的收尾处没有退刀槽时，一般按 45°退刀收尾。

（3）车削螺纹的进刀方法（表 2-20）。

表 2-20　切削螺纹进刀方式

进刀方式	图示	特点及应用
直进法		切削力大，易扎刀，切削用量低，牙型精度高 适用于加工 $P < 3\mathrm{mm}$ 普通螺纹及精加工 $P \geqslant 3\mathrm{mm}$ 螺纹
斜进法		切削力小，不易扎刀，切削用量大，牙型精度低，表面粗糙度值大 适用于粗加工 $P \geqslant 3\mathrm{mm}$ 螺纹
左右切削法		切削力小，不易扎刀，切削用量大，牙型精度低，表面粗糙度值小 适用于加工 $P \geqslant 3\mathrm{mm}$ 螺纹粗、精加工

（4）加工螺纹时应限制主轴转速　由于螺距一定，随着主轴转速的增大，进给速度（$v_{\mathrm{f}} = n \times P$）会随之增大，相应的惯性也会增大，若数控系统加减速性能较差，就会产生较大的误差，因此主轴转速不应过高。最高转速一般取 $n \leqslant 1200/P - 80$。其中 P 是螺距。

（5）螺纹牙型高度的计算　零件图样上标出的是螺纹的公称直径即螺纹大径 D 或 d，

而车削螺纹编程需要知道螺纹小径 D_1 或 d_1，从而得到螺纹切削背吃刀量值，考虑螺母和螺杆啮合合理间隙和圆角半径的因素，一般按经验计算螺纹牙型高度实际值，即 $h_1 = 0.65P$；外螺纹小径为 $d_1 = d - 2h_1 = d - 1.3P$。

（6）车螺纹时的指令格式　　以 G32 为例，指令格式见表 2-21。

表 2-21　FANUC 系统螺纹加工指令格式

数控系统	FANUC 系统		
圆柱螺纹	指令格式：G32　Z __　F __； Z 为螺纹终点坐标；F 为导程	圆锥螺纹 $\alpha > 45°$	指令格式：G32　X __　Z __　F __； X、Z 为螺纹终点坐标；F 为 X 方向导程（因为 X 方向位移较大）
圆柱螺纹 $\alpha < 45°$	指令格式：G32　X __　Z __　F __； X、Z 为螺纹终点坐标；F 为 Z 方向导程（因为 Z 方向位移较大）	端面螺纹	指令格式：G32　X __　F __； X 为螺纹终点坐标；F 为 X 方向导程

（7）螺纹切削的进给次数与背吃刀量　　螺纹车削加工为成形车削，且切削进给量较大，刀具强度较差，一般要求分数次进给加工，每次进给的背吃刀量用螺纹深度减精加工背吃刀量所得的差按递减规律分配，如图 2-46 所示。常用螺纹切削的进给次数与背吃刀量（米制、双边），可参看表 2-22。

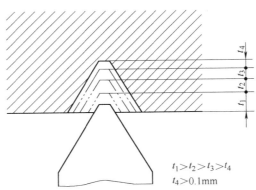

$t_1 > t_2 > t_3 > t_4$
$t_4 > 0.1mm$

图 2-46　车螺纹背吃刀量的分配

表 2-22　常用螺纹的进给次数及背吃刀量（米制螺纹）　　　　　　　（单位：mm）

螺距	1	1.5	2	2.5	3	3.5	4
牙高（半径上）	0.65	0.975	1.3	1.625	1.95	2.275	2.6
总背吃刀量（直径上）	1.3	1.95	2.6	3.25	3.9	4.55	5.2

（续）

螺距		1	1.5	2	2.5	3	3.5	4
进给次数 及背吃 刀量 （直径上）	1	0.7	0.8	0.8	1.0	1.2	1.5	1.5
	2	0.4	0.5	0.6	0.7	0.7	0.7	0.8
	3	0.2	0.5	0.6	0.6	0.6	0.6	0.6
	4		0.15	0.4	0.4	0.4	0.6	0.6
	5			0.2	0.4	0.4	0.4	0.4
	6				0.15	0.4	0.4	0.4
	7					0.2	0.2	0.4
	8						0.15	0.3
	9							0.2

2.3.2　常见螺纹的数控加工编程指令

1. 单行程螺纹切削指令（G32）

编程格式：G32　X（U）__　Z（W）__　F__；

式中　X、Z——螺纹切削终点的绝对坐标；

U、W——螺纹切削终点相对切削起点的增量坐标；

F——螺纹的导程，单位为 mm。单线螺纹：导程＝螺距；多线螺纹：导程＝螺距×螺纹线数。

注意：G32 加工圆柱或锥螺纹时的加工轨迹如图 2-47a、b 所示。每一次加工分四步：进刀（AB）→切削（BC）→退刀（CD）→返回（DA）。

G32 加工锥螺纹时的加工轨迹如图 2-47b 所示，切削斜角 α 在 45°以下的圆锥螺纹时，螺纹导程以 Z 方向指定，大于 45°时，螺纹导程以 X 方向指定。

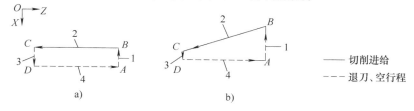

图 2-47　单行程螺纹切削指令 G32 加工轨迹

a）圆柱螺纹　b）圆锥螺纹

1—进刀　2—切削　3—退刀　4—返回

2. 螺纹切削单一固定循环指令（G92）

（1）圆柱螺纹切削循环　编程格式为

G92　X（U）__　Z（W）__　F__；

（2）锥螺纹切削循环　编程格式为

G92　X（U）__　Z（W）__　R__　F__；

式中　X、Z——螺纹切削终点的绝对坐标；

U、W——螺纹切削终点相对切削起点的增量坐标；

　　　　R——圆锥螺纹起点和终点的半径差。当圆锥螺纹起点坐标大于终点坐标时为正，
　　　　　　反之为负。加工圆柱螺纹时，R 为零，可省略；
　　　　F——螺纹的导程，单位为 mm。单线螺纹：导程 = 螺距；多线螺纹：导程 = 螺距
　　　　　　×螺纹线数。

　　G92 为螺纹固定循环指令，是模态指令。它可以切削圆柱螺纹和圆锥螺纹，图 2-48 a 是
圆锥螺纹循环，图 2-48 b 是圆柱螺纹循环。刀具从循环点开始，按 $A→B→C→D$ 进行自动循
环，最后又回到循环起点 A。其每一次自动加工循环过程分四步：进刀（AB）→切螺纹
（BC）→退刀（CD）→返回（DA）。

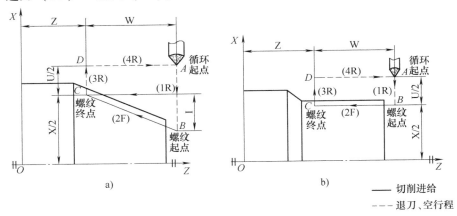

图 2-48　螺纹循环 G92
R—快速移动　F—切削进给

3. 复合螺纹切削循环指令（G76）

　　G76 指令用于多次自动循环切削螺纹。编程人员只需在程序指令中一次性定义好有关参
数，则在车削过程中系统可自动计算各次背吃刀量，并自动分配背吃刀量，完成螺纹加工，
如图 2-49 所示。G76 指令可用于不带退刀槽的圆柱螺纹和圆锥螺纹的加工。

　　编程格式：G76　$P(m)(r)(\alpha)$　$Q(\Delta d_{min})$　$R(d)$；
　　　　　　　　G76　$X(U)$___　$Z(W)$___　$R(i)$　$P(k)$　$Q(\Delta d)$　$F(f)$；
式中　m——精加工重复次数。其范围为 01～99，该值是模态量；
　　　r——螺纹尾部倒角量（斜向退刀），设定值范围用两位整数来表示：00～99，其值
　　　　　为螺纹导程（P_h）的 0.1 倍，即 $0.1P_h$。该值为模态量；
　　　α——刀尖角度，可从 80°、60°、55°、30°、29° 和 0° 六个角度中选择，用两位整数
　　　　　来表示。该值是模态量；
　　m、r 和 α 用地址 P 同时指定。例如，$m=2$，$r=1.2P_h$，$\alpha=60°$ 时可以表示为 P021260。
　　　Δd_{min}——切削时的最小背吃刀量。用半径编程，单位为 μm；
　　　d——精加工余量。用半径编程，单位为 μm；
　　U、W——螺纹终点坐标；
　　　i——锥螺纹大小头半径差。用半径编程，方向与 G92 中的 R 相同；如果 $i=0$ 时，
　　　　　可进行普通直螺纹切削；

　　k——螺牙高度。用半径值指定，单位为 μm；

　　Δd——第一次切削深度，第 *n* 次切削深度为 $\Delta d \sqrt{n}$。用半径值指定，单位为 μm；

　　f——等于导程。如果是单线螺距，则该值为螺距，单位为 mm。

　　注意：1）加工多线螺纹时的编程，应在加工完一个线后，用 G00 或 G01 指令将车刀轴向移动一个螺距，然后再按要求编写车削下一条螺纹的加工程序。

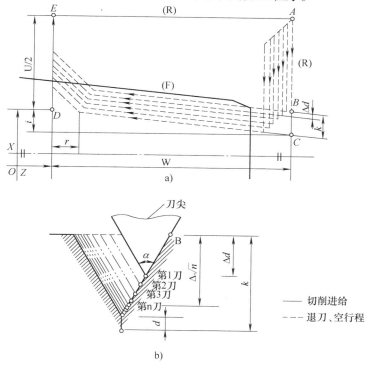

图 2-49　G76 循环的运动轨迹及进刀轨迹

　　2）用 G92、G76 指令在切削螺纹期间，按下"进给保持"按钮时，刀具在完成切削循环后，才会执行进给保持。

　　3）G92 指令是模态指令。

　　4）执行 G92 循环指令时，在螺纹切削的收尾处，刀具要在接近 45°的方向斜向退刀，具体移动距离由机床内部参数设置。

　　5）执行 G32、G92、G76 指令期间，进给速度倍率、主轴速度倍率均无效。

　　4. 螺纹切削指令比较

　　（1）G32 直进式切削方法　　由于两侧刃同时工作，切削力较大，而且排削困难，因此在切削时，两切削刃容易磨损。在切削螺距较大的螺纹时，由于切削深度较大，切削刃磨损较快，从而造成螺纹中径产生误差。但是其加工的牙型精度较高，因此一般多用于小螺距螺纹加工。由于其刀具移动切削均靠编程来完成，所以加工程序较长。由于切削刃容易磨损，因此加工中要做到勤测量。

　　（2）G92 直进式切削方法　　较 G32 指令简化了编程，其他方面基本相同。

　　（3）G76 斜进式切削方法　　由于为单侧刃加工，切削刃容易损伤和磨损，使加工的螺纹面不直, 刀尖角发生变化, 从而造成牙型精度较差。单侧刃工作, 刀具负载较小, 排屑容易, 并且切削深度为递减式, 因此, 此加工方法一般适用于大螺距螺纹加工。由于此加工方法排屑容易, 切削刃加工工况较好, 在螺纹精度要求不高的情况下, 此加工方法更为方便。在加工较高精度螺纹时, 可采用两刀加工完成, 即先用 G76 加工方法进行粗车, 然后用 G32 加工方法精车。加工时要注意刀具起始点要准确, 不然容易乱扣, 造成零件报废。

2.3.3　三角形圆柱外螺纹的加工

图 2-50 所示为圆柱螺纹轴, 外轮廓、退刀槽、螺纹加工前外圆柱面均已加工完毕。试利用螺纹加工指令编写外螺纹加工程序。已知: 螺纹刀为 3 号刀。查表 2-22 可知, 螺距为 2mm 的牙型深度为 1.3mm, 背吃刀量直径值分别为 0.8mm、0.6mm、0.6mm、0.4mm 和 0.2mm。

（1）单行程螺纹切削指令 G32 编写程序（表 2-23）。

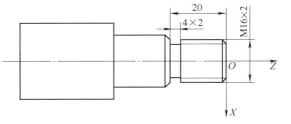

图 2-50　圆柱螺纹加工

表 2-23　G32 圆柱外螺纹用法举例

程　　序		注　　释
	O0001	主程序名
N2	G98　G21　G97;	初始化(每分进给;米制螺纹;固定转速)
N4	T0303;	换 3 号螺纹刀并由刀偏建立工件坐标系
N6	M03　S400;	主轴转速为 400r/min
N8	G00　X20.　Z5.　M08;	快速移到加工起始点, 螺纹引入长度为 5mm
N10	X15.2;	第 1 次车螺纹:螺距为 2mm。分 4 步:第 1 步进刀
N12	G32　Z－18.　F2;	第 2 步切削
N14	G00　X20.;	第 3 步退刀
N16	Z5.;	第 4 步返回
N18	X14.6;	第 2 次车螺纹
N20	G32　Z－18.　F2;	
N22	G00　X20.;	
N24	Z5.;	
N26	X14.;	第 3 次车螺纹
N28	G32　Z－18.　F2;	
N30	G00　X20.;	
N32	Z5.;	
N34	X13.6;	第 4 次车螺纹
N36	G32　Z－18.　F2;	
N38	G00　X20.;	
N40	Z5.;	
N42	X13.4;	第 5 次车螺纹

（续）

程　　　序	注　　　释
O0001	主程序名
N44　G32　Z-18.　F2；	
N46　G00　X100.；	退刀
N48　Z200.　M09；	
N50　M05；	主轴停止
N52　M30；	程序结束

（2）螺纹切削单一固定循环指令 G92 编写程序（表 2-24）。

表 2-24　G92 圆柱外螺纹用法举例

程　　　序	注　　　释
O0001	主程序名
N2　G98　G21　G97；	初始化(每分进给;米制螺纹;固定转速)
N4　T0303；	换 3 号螺纹刀并由刀偏建立工件坐标系
N6　M03　S400；	主轴转速为 400r/min
N8　G00　X20.　Z5.　M08；	快速移到加工起始点，螺纹引入长度为 5mm
N10　G92　X15.2　Z-18.　F2；	第 1 次车螺纹；自动完成一次 4 步循环切削
N12　X14.6；	第 2 次车螺纹；G92 指令是模态指令
N14　X14.；	第 3 次车螺纹
N16　X13.6；	第 4 次车螺纹
N18　X13.4；	第 5 次车螺纹
N20　G00　X100.　Z200.　M09；	退刀
N22　M05；	主轴停止
N24　M30；	程序结束

（3）复合螺纹切削循环指令 G76 编写程序（表 2-25）。

表 2-25　G76 圆柱外螺纹用法举例

程　　　序	注　　　释
O0001	主程序名
N2　G98　G21　G97；	初始化(每分进给;米制螺纹;固定转速)
N4　T0303；	换 3 号螺纹刀并由刀偏建立工件坐标系
N6　M03　S400；	主轴转速为 400r/min
N8　G00　X20.　Z5.　M08；	快速移到加工起始点，螺纹引入长度为 5mm
N10　G76　P030060　Q100　R50.；	复合螺纹切削；第 1 次背吃刀量为 0.4mm
N12　G76　X13.4　Z-18.　R0.　P1300　Q400　F2；	最小切削深度为 0.1mm；精车余量单边为 0.05mm
N14　G00　X100.　Z200.　M09；	退刀
N16　M05；	主轴停止
N18　M30；	程序结束

2.3.4 三角形圆锥外螺纹的加工

图 2-51a 所示为圆锥螺纹轴,外轮廓、退刀槽、螺纹加工前圆锥面均已加工完毕。试利用螺纹加工指令编写锥螺纹加工程序。已知:螺纹刀为 3 号刀。如图 2-51b 所示,其引入长度为 5mm,圆锥面延长右端直径是 φ22.9mm,引出长度为 2mm,即退刀槽中线位置与圆锥面相交的直径是 φ28.4mm。查表 2-22 可知,螺距为 2mm 的牙型深度为 1.3mm,背吃刀量直径值分别为 0.8mm、0.6mm、0.6mm、0.4mm 和 0.2mm。

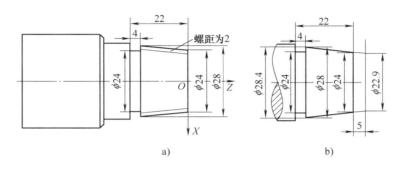

图 2-51 圆锥螺纹轴

利用复合螺纹切削指令 G76 编写程序(表 2-26)。

表 2-26 G76 圆锥外螺纹用法举例

程 序		注 释
O0001		主程序名
N2	G98 G21 G97;	初始化(每分进给;米制螺纹;固定转速)
N4	T0303;	换 3 号螺纹刀并由刀偏建立工件坐标系
N6	M03 S400;	主轴转速为 400r/min
N8	G00 X20. Z5. M08;	快速移到加工起始点,螺纹引入长度为 5mm
N10	G76 P020060 Q100 R50.;	复合螺纹切削:第 1 次背吃刀量为 0.4mm
N12	G76 X25.8 Z-20. R-2.75 P1300 Q400 F2;	最小切削深度为 0.1mm;精车余量单边为 0.05mm
N14	G00 X100. Z200. M09;	退刀
N16	M05;	主轴停止
N18	M30;	程序结束

2.3.5 三角形圆柱内螺纹的加工

图 2-52 所示为连接套,外轮廓、内孔、螺纹加工前内孔面及退刀槽已加工完毕。试利用螺纹加工指令编写内孔螺纹加工程序。已知:内孔螺纹刀为 3 号刀。查表 2-22 可知,螺距 2mm 的牙型深度为 1.3mm,背吃刀量直径值分别为 0.8mm、0.6mm、0.6mm、0.4mm 和 0.2mm。

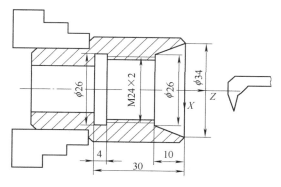

图 2-52　连接套

利用螺纹加工指令编写内孔螺纹的加工程序见表 2-27。

表 2-27　连接套内孔螺纹加工程序

程　　序		注　　释
O0001		主程序名
N2	G98　G21　G97;	初始化(每分进给;米制螺纹;固定转速)
N4	T0303;	换 3 号螺纹刀并由刀偏建立工件坐标系
N6	M03　S400;	主轴转速为 400r/min
N8	G00　X19.　Z2.　M08;	快速移到加工起始点
N10	G76　P030060　Q100　R80.;	复合螺纹切削:第 1 次背吃刀量为 0.4mm
N12	G76　X24.05　Z−28.　R0.　P1300　Q400　F2;	最小切削深度为 0.1mm;精车余量单边为 0.08mm
N14	G00　Z200.　M09;	退刀
N16	X150;	
N18	M05;	主轴停止
N20	M30;	程序结束

2.3.6　多线螺纹的加工

图 2-53 所示为多线螺纹轴。其外轮廓、退刀槽、多线螺纹加工前的外圆柱面均已加工完毕。试利用螺纹加工指令编写多线螺纹加工程序。已知螺纹刀为 3 号刀。查表 2-22 可知,螺距为 3mm 的牙型深度为 1.95mm,背吃刀量直径值分别为 1.2mm、0.7mm、0.6mm、0.4mm、0.4mm、0.4mm 和 0.2mm。

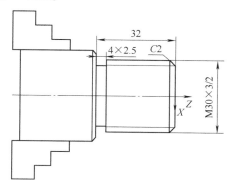

图 2-53　多线螺纹加工

（1）单行程螺纹切削指令 G32 编写程序（表 2-28）

表 2-28　多线螺纹加工 G32 用法举例

程　　序		注　　释
O0001		主程序名
N2	G98　G21　G97；	初始化(每分进给;米制螺纹;固定转速)
N4	T0303；	换 3 号螺纹刀并由刀偏建立工件坐标系
N6	M03　S400；	主轴转速为 400r/min
N8	G00　X34.　Z7.　M08；	快速移到加工起始点,螺纹引入长度为 7mm
N10	X28.8；	切削多线螺纹第 1 条螺旋线,第 1 刀:第 1 步进刀
N12	G32　Z－30.　F6；	导程为 6mm,螺距为 3mm。第 2 步切削
N14	G00　X34.；	第 3 步退刀
N16	Z7.；	第 4 步返回
N18	X28.1；	第 2 刀
N20	G32　Z－30.　F6；	
N22	G00　X34.；	
N24	Z7.；	
N26	X27.5；	第 3 刀
N28	G32　Z－30.　F6；	
N30	G00　X34.；	
N32	Z7.；	
N34	X27.1；	第 4 刀
N36	G32　Z－30.　F6；	
N38	G00　X34.；	
N40	Z7.；	
N42	X26.7；	第 5 刀
N44	G32　Z－30.　F6；	
N46	G00　X34.；	
N48	Z7.；	
N50	X26.3；	第 6 刀
N52	G32　Z－30.　F6；	
N54	G00　X34.；	
N56	Z7.；	
N58	X26.1；	第 7 刀
N60	G32　Z－30.　F6；	
N62	G00　X34.；	
N64	Z4.；	加工下 1 个螺纹线,Z 向偏移一个螺距
N66	X28.8；	切削多线螺纹第 2 个线第 1 刀
N68	G32　Z－30.　F6；	

（续）

程　序		注　释
	O0001	主程序名
N70	G00　X34. ;	
N72	Z4. ;	
N74	X28.1 ;	挑第 2 刀螺纹
N76	G32　Z − 30.　F6 ;	
N78	G00　X34. ;	
N80	Z4. ;	
N82	X27.5 ;	挑第 3 刀螺纹
N84	G32　Z − 30.　F6 ;	
N86	G00　X34. ;	
N88	Z4. ;	
N90	X27.1 ;	挑第 4 刀螺纹
N92	G32　Z − 30.　F6 ;	
N94	G00　X34. ;	
N96	Z4. ;	
N98	X26.7 ;	挑第 5 刀螺纹
N100	G32　Z − 30.　F6 ;	
N102	G00　X34. ;	
N104	Z4. ;	
N106	X26.3 ;	挑第 6 刀螺纹
N108	G32　Z − 30.　F6 ;	
N110	G00　X34. ;	
N112	Z4. ;	
N114	X26.1 ;	挑第 7 刀螺纹
N116	G32　Z − 30.　F6 ;	
N118	G00　X150. ;	
N120	Z200.　M09 ;	
N122	M05 ;	主轴停止
N124	M30 ;	程序结束

（2）螺纹切削单一固定循环指令 G92 编写程序（表 2-29）

表 2-29　多线螺纹加工 G92 用法举例

程　序		注　释
	O0001	主程序名
N2	G98　G21　G97 ;	初始化（每分进给；米制螺纹；固定转速）
N4	T0303 ;	换 3 号螺纹刀并由刀偏建立工件坐标系

（续）

程　　序		注　　释
O0001		主程序名
N6	M03　S400；	主轴转速为 400r/min
N8	G00　X34.　Z7.　M08；	快速移到加工起始点,螺纹引入长度为7mm
N10	G92　X32.8　Z-30.　F6；	（螺纹第一个螺旋线）挑第 1 刀；自动完成一次 4 步循环切削返回加工起始点
N12	X28.1；	挑第 2 刀；G92 指令是模态指令。导程为 6mm
N14	X27.5；	挑第 3 刀
N16	X27.1；	挑第 4 刀
N18	X26.7；	挑第 5 刀
N20	X26.4；	挑第 6 刀
N22	X26.1；	挑第 7 刀
N24	G00　Z4.；	加工下 1 个螺纹头 Z 向偏移一个螺距
N26	G92　X32.8　Z-30.　F6；	（螺纹第 2 个头）挑第 1 刀
N28	X28.1；	挑第 2 刀
N30	X27.5；	挑第 3 刀
N32	X27.1；	挑第 4 刀
N34	X26.7；	挑第 5 刀
N36	X26.4；	挑第 6 刀
N38	X26.1；	挑第 7 刀
N40	G00　X100.　Z200.　M09；	退刀
N42	M05；	主轴停止
N44	M30；	程序结束

（3）复合螺纹切削循环指令 G76 编写程序（表2-30）

表 2-30　多线螺纹加工 G76 用法举例

程　　序		注　　释
O0001		主程序名
N2	G98　G21　G97；	初始化(每分进给;米制螺纹;固定转速)
N4	T0303；	换 3 号螺纹刀并由刀偏建立工件坐标系
N6	M03　S400；	主轴转速为 400r/min
N8	G00　X34.　Z7.　M08；	快速移到加工起始点,螺纹引入长度为7mm
N10	G76　P030060　Q100　R80.；	加工第 1 个线:第 1 次背吃刀量为 0.4mm
N12	G76　X26.1　Z-30.　R0.　P1950　Q400　F6；	最小切削深度 0.1mm;精车余量为 0.08mm
N14	G00　Z4.；	加工下 1 个螺纹线 Z 向偏移一个螺距
N16	G76　P030060　Q100　R80.；	复合螺纹切削指令加工第 2 个螺旋线
N18	G76　X26.1　Z-30.　R0.　P1950　Q400　F6；	
N20	G00　X100.　Z200.　M09；	退刀
N22	M05；	主轴停止
N24	M30；	程序结束

2.3.7　梯形圆柱外螺纹的加工

1. 梯形螺纹加工的相关基本知识

梯形螺纹主要用于传动。例如，车床丝杠上的螺纹就是梯形螺纹。它具有中径配合定心和定心准确等特点。梯形螺纹传动的开合螺母磨损后，可进行调整，从而保证良好的配合。

（1）梯形螺纹各部分的尺寸标注及其计算　作为传动螺纹的梯形螺纹和锯齿形螺纹的尺寸标注是在内外螺纹的大径上标注，其标注的具体项目及格式如下：

螺纹代号　公称直径×导程（P 螺距）旋向—中径公差带代号—旋合长度代号

其中，梯形螺纹的螺纹代号用字母"Tr"表示，锯齿形螺纹的特征代号用字母"B"表示。多线螺纹标注导程与螺距，单线螺纹只标注螺距。右旋螺纹不标注代号，左旋螺纹标注字母"LH"。传动螺纹只注中径公差带代号。旋合长度只注"S"（短）、"L"（长），中等旋合长度代号"N"省略标注。表 2-31 所示为传动螺纹标注示例。梯形螺纹各部分的尺寸名称、代码如图 2-54 所示，其计算公式见表 2-32。

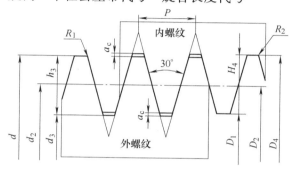

图 2-54　梯形螺纹各部分的尺寸名称、代号

表 2-31　常用传动螺纹的种类、牙型与标注

螺纹类型		特征代号	牙型简图	标注示例	说　明
传动螺纹	梯形螺纹	Tr			梯形螺纹，公称直径为 36mm，双线螺纹，导程为 12mm，螺距为 6mm，右旋。中径公差带为 7H。中等旋合长度
	锯齿形螺纹	B			锯齿形螺纹，公称直径为 70mm，单线螺纹，螺距为 10mm，左旋。中径公差带为 7e。中等旋合长度

表 2-32　梯形螺纹各部分的尺寸名称、代号及其计算公式

名　称	代　号	计　算　公　式		
牙型角	α	30°		
螺距	P	由螺纹标准确定		
牙顶间隙	a_c	P	1.5 ~ 5	6 ~ 12	14 ~ 44
		a_c	0.25	0.5	1

（续）

名　称		代　号	计 算 公 式
外螺纹	大径	d	公称直径
	中径	d_2	$d_2 = d - 0.5P$
	小径	d_3	$d_3 = d - 2h_3$
	牙高	h_3	$h_3 = 0.5P + a_C$
内螺纹	大径	D_4	$D_4 = d + 2a_C$
	中径	D_2	$D_2 = d_2$
	小径	D_1	$D_1 = d - P$
	牙高	H_4	$H_4 = h_3$
牙顶高		f, f'	$f = f' = 0.336P$
牙槽底宽		W, w'	$W = w' = 0.336P - 0.536a_C$

（2）梯形螺纹车刀的选择　梯形螺纹有英制和米制两类，米制牙型角30°和英制牙型角29°。一般常用的是米制螺纹。梯形螺纹车刀分粗车刀和精车刀两种，如图 2-55 所示。

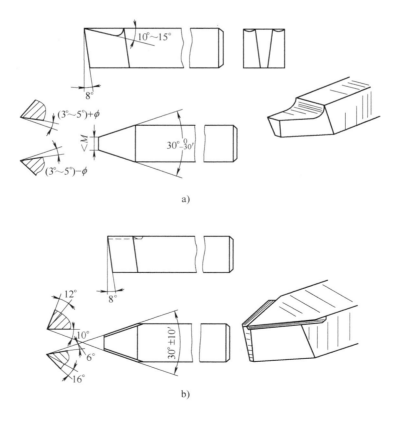

a)

b)

图 2-55　高速钢梯形螺纹车刀
a) 粗车刀　b) 精车刀

从梯形螺纹车刀的角度上讲，为了切削梯形螺纹时能留精车余量，粗车刀的左、右切削刃的夹角应小于牙型角，精车刀应等于牙型角；粗车刀的刀尖宽度应为 1/3 螺距宽，精车刀的刀尖宽应等于牙底宽减 0.05mm；粗车刀的纵向前角一般为 15°左右，精车刀为了保证牙型角正确，前角应等于 0°，但实际生产时取 5°~10°。两者的纵向前角一般取 6°~8°。

从梯形螺纹车刀的选用上讲，梯形螺纹加工可分为高速车削和低速车削。通常采用低速车削，和选用高速钢梯形螺纹粗、精车刀。它能加工出精度较高和表面粗糙度值较小的螺纹，但生产效率较低。高速车削一般选用的是硬质合金刀具，其精度低但效率较高。

（3）梯形螺纹的加工方法　车削梯形螺纹时，通常采用高速钢材料的刀具进行低速车削，低速车削梯形螺纹一般有如图 2-56 所示的四种进刀方法：直进法、左右切削法、车直槽法和车阶梯槽法。通常直进法只适用于车削螺距较小（$P<4$mm）的梯形螺纹，而粗车螺距较大（$P>4$mm）的梯形螺纹常采用左右切削法、车直槽法和车阶梯槽法。下面我们分别介绍一下这几种车削方法。

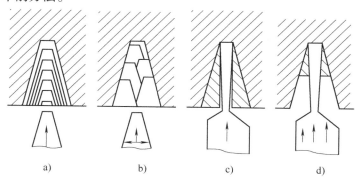

图 2-56　车削梯形螺纹进刀方法

a）直进法　b）左右切削法　c）车直槽法　d）车阶梯槽法

1）直进法。直进法也称为切槽法，如图 2-56a 所示。车削螺纹时，横向（垂直于导轨方向）进刀，在几次行程中完成螺纹车削。这种方法虽可以获得比较正确的牙形，操作也很简单，但由于刀具三个切削刃同时参加切削，振动比较大，牙侧容易拉出毛刺，不易得到较好的表面质量，并容易产生扎刀现象，因此，它只适用于螺距较小的梯形螺纹车削。

2）左右切削法。左右切削法车削梯形螺纹时，车刀除了横向进刀外，同时还进行左右微量进给，直到牙型全部车好，如图 2-56b 所示。用左右切削法车螺纹时，由于是车刀两个主切削刃中的一个在进行单面切削，避免了三刃同时切削，所以不容易产生扎刀现象。另外，精车时尽量选择低速（$v=4~7$m/min），并浇注切削液，一般可获得很好的表面质量。

3）车直槽法。车直槽法车削梯形螺纹时一般选用刀头宽度稍小于牙槽底宽的矩形螺纹车刀，采用横向直进法粗车螺纹至小径尺寸（每边留有 0.2~0.3mm 的余量），然后换用精车刀修整，如图 2-56c 所示。这种方法简单、易懂、易掌握，但是在车削较大螺距的梯形螺纹时，刀具因其刀头狭长，强度不够而易折断；切削的沟槽较深，排屑不顺畅，致使堆积的切屑把刀头"砸掉"；进给量较小，切削速度较低，因而很难满足梯形螺纹的车削需要。

4）车阶梯槽法。为了降低"直槽法"车削时刀头的损坏程度，可以采用车阶梯槽法，如图2-56d所示。此方法同样也是采用矩形螺纹车刀进行切槽，只不过不是直接切至小径尺寸，而是分成若干刀切削成阶梯槽，最后换用精车刀修整至所规定的尺寸。这样切削排屑较顺畅，方法也较简单，但换刀时不容易对准螺旋直槽，很难保证正确的牙型，容易产生倒牙现象。

高速切削螺纹时，容易拉毛牙侧，所以不宜采用左右切削法。当车削螺距大于8mm的梯形螺距时，为了防止振动，可用硬质合金车槽刀以车直槽法和车阶梯槽法进行粗车，然后用螺纹车刀精车。

2. 梯形螺纹加工举例

图2-57所示为梯形螺纹轴。其外轮廓、退刀槽、梯形螺纹加工前外圆柱面均已加工完毕。试利用螺纹加工指令G76编写梯形螺纹加工程序。

已知：4号刀为30°硬质合金梯形粗车刀（刀尖宽1.93mm）用于粗加工。注意，4号刀的工件原点相对5号刀的工件原点向负Z偏移0.1mm。粗加工主轴转速为200r/min。5号刀为30°高速钢梯形精车刀（刀尖宽1.93mm）用于精加工。精加工主轴转速为20r/min。如图2-57所示零件图的尺寸标注，取公差中值可得大径的编程尺寸为$\phi35.85$mm，小径的编程尺寸为$\phi28.85$mm；由表2-22和表2-32可计算牙高$h_3 = 0.5P + a_C$

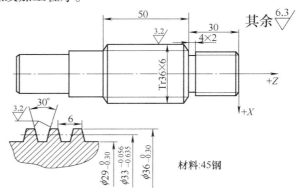

图2-57　梯形螺纹轴

$= 3.5$mm，中径和小径的半径差为$h = 0.25 \times P + a_C = 0.25 \times 6mm+ 0.5mm= 2$mm，进而可计算牙槽底宽$W = P/2 - 2 \times h \times \tan 15° = 1.93$mm。

复合螺纹切削循环指令G76编写程序见表2-33。

表2-33　梯形螺纹轴G76用法举例

	程　序	注　释
	O0001	主程序名
N2	G98　G21　G97；	初始化（每分进给；米制单位；固定转速）
N4	T0404；	换4号粗车梯形螺纹刀并由刀偏建立工件坐标系
N6	M03　S200；	主轴转速为200r/min
N8	G00　X38.　M08；	移动到加工起始点
N10	Z – 24.；	
N12	G76　P030030　Q80　R50.；	复合循环G76粗车Tr36×6螺纹，粗加工后留余量0.1mm
N14	G76　X29.　Z – 88.　R0.　P3500　Q200　F6；	
N16	G00　X200.；	
N18	Z200.；	返回换刀点
N20	T0505；	换5号梯形螺纹精车刀

（续）

程　　序		注　　释
	O0001	主程序名
N22	M03　S20；	
N24	G00　X38.；	
N26	Z－24.；	返回加工起始点
N28	G76　P050030　Q80　R20.；	复合循环 G76 精车 Tr36×6 螺纹
N30	G76　X28.95　Z－88.　R0.　P3500　Q500　F6；	
N32	G00　X200.；	
N34	Z200.　M09；	退刀
N36	M05；	主轴停止
N38	M30；	程序结束

2.4　综合加工实例

项目一　零件综合加工训练一

图 2-58 所示为螺母套，其毛坯为 $\phi80$mm×104mm 的棒料，材料为 45 钢，试编写其加工数控程序。

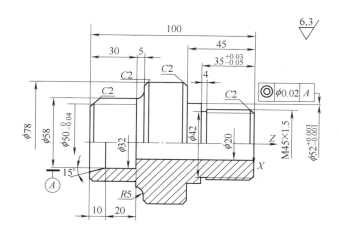

图 2-58　螺母套

1. 刀具选择及切削参数的选择

（1）刀具选择

1 号刀：93°菱形外圆车刀（粗、精）

2 号刀：内孔镗刀

3 号刀：60°外螺纹刀

4 号刀：外切槽刀，刀宽 4mm

5 号刀：ϕ18mm 钻头（手动）

（2）切削参数的选择　根据加工表面质量要求、刀具和工件材料，参考切削用量手册或机床使用说明书选取：外轮廓粗、精加工的主轴转速分别选为 800r/min 和 1200r/min，外轮廓粗、精加工进给速度分别选为 120mm/min 和 100mm/min；切退刀槽、挑螺纹的主轴转速为 400r/min，切槽进给速度为 40mm/min；镗孔粗、精加工的主轴转速分别选为 800r/min和 1200r/min，进给速度分别选为 100mm/min 和 80mm/min。

2. 工艺路线

1）三爪自定心卡盘夹紧零件右端外圆柱面，手动车削端面，后用 ϕ18mm 钻头钻孔 ϕ20mm 至 ϕ18mm 通孔。

2）调用 1 号刀，用 G71 粗加工工件左端外轮廓后，G70 精加工至尺寸要求；调用 2 号刀，同样方法加工内轮廓至尺寸。

3）掉头，垫铜皮夹，左端 ϕ58mm 外圆找正。调用 1 号刀，用 G71 粗加工工件右端外轮廓后，G70 精加工至尺寸。

4）调用 4 号切断刀，车退刀槽至尺寸。

5）加工 M45 螺纹至尺寸。螺距为 1.5mm，查表 2-22 得牙高为 0.975mm，分 4 次切削完成。每次的背吃刀量分别为 0.8mm、0.5mm、0.5mm、0.15mm。

3. 加工程序

（1）零件左端面加工程序（表 2-34）

表 2-34　螺母套左端面加工程序

程　　序		注　　释
O0001		主程序名
N2	G98　G21　G97；	初始化（每分进给；米制螺纹；固定转速）
N4	M03　S800　T0101；	主轴转速为 800r/min；换 1 号外圆刀并由刀偏建立工件坐标系
N6	G00　X84.　Z0.；	快速移到加工起始点
N8	G01　X－0.5　F100　M08；	左端面；进给速度为 100mm/min
N10	G00　X84.　Z2.；	返回下一步加工起始点
N12	G71　U1.5　R1.；	外轮廓粗车循环：背吃刀量为 1.5mm，退刀量为 1mm
N14	G71　P16　Q30　U0.6　W0.3　F120；	粗加工循环：进给速度为 120mm/min，XZ 向精加工余量为 0.3mm
N16	G00　X42.　S1200　F100；	主轴转速为 1200r/min 和进给速度为 100mm/min 在精加工中有效
N18	G01　X49.97　Z－2.；	
N20	Z－30.；	
N22	X58.；	
N24	G02　X68.　Z－35.　R5.；	
N26	G01　X74.；	

（续）

程　序		注　释
	O0001	主程序名
N28	X78.　Z – 37.；	
N30	Z – 60.；	
N32	G70　P16　Q30；	外轮廓精车循环
N34	G00　X200.；	退回换刀点
N36	Z200.；	
N38	T0202　S800；	换 2 号镗孔刀,主轴转速为 800r/min
N40	G00　X16.　Z3.；	返回下一步加工起始点
N42	G71　U1.　R0.5；	内轮廓粗车循环:背吃刀量为 1mm,退刀量为 0.5mm
N44	G71　P46　Q54　U – 0.6　W0.3　F100；	粗加工循环:进给速度为 100mm/min,XZ 向精加工余量为 0.3mm
N46	G00　X33.6；	
N48	G01　X32.　Z – 10.　S1200　F80；	主轴转速为 1200r/min 和进给速度为 80mm/min 在精加工中有效
N50	Z – 30.；	
N52	X20.；	
N54	Z – 105.；	
N56	G71　P46　Q54；	内轮廓精车循环
N58	G00　Z200.　M09；	退刀
N59	X200.；	
N60	M05；	主轴停止
N62	M30；	程序结束

（2）零件右端面加工程序（表 2-35）

表 2-35　螺母套右端面加工程序

程　序		注　释
	O0002	主程序名
N2	G98　G21　G97；	初始化(分进给;米制螺纹;固定转速)
N4	T0101；	换 1 号外圆刀并由刀偏建立工件坐标系
N6	M03　S800；	主轴转速为 800r/min
N8	G00　X84.；	车端面
N10	Z1.；	
N12	G01　X – 0.5　F40　M08；	
N14	G00　X84.　Z2.；	
N16	Z0.；	
N18	G01　X – 0.5；	
N20	G00　X84.　Z2.；	快速移到加工起始点
N22	G71　U1.5　R1.；	外轮廓粗车循环:背吃刀量为 1.5mm,退刀量为 1mm
N24	G71　P26　Q38　U0.6　W0.3　F120；	粗加工循环:进给速度为 120mm/min,XZ 向精加工余量为 0.3mm

（续）

程　序		注　释
O0002		主程序名
N26	G00　X37.　S1200　F100；	主轴转速1200r/min 和进给速度为100mm/min 在精加工中有效
N28	G01　X44.8　Z-2.；	
N30	Z-34.96；	
N32	X52.01；	
N34	Z-45.；	
N36	X74.；	
N38	X78.　Z-47.；	
N40	G70　P26　Q38；	外轮廓精车循环
N42	G00　X200.　Z200.；	退回换刀点
N44	T0404　S400；	换4号切槽刀，主轴转速为400r/min
N46	G00　X54.；	快速移到下一个加工起始点
N48	Z-34.96；	
N50	G01　X42.　F40；	切退刀槽，进给速度为40mm/min
N52	X54.；	
N54	G00　X200.　Z200.；	退回换刀点
N56	T0303　S400；	换3号螺纹刀，主轴转速为400r/min
N58	G00　X48.　Z5.；	快速移到内孔螺纹加工起始点
N60	G92　X44.2　Z-33.　F2；	G92 螺纹第1次循环切削，背吃刀量为0.8mm
N62	X43.6；	第2次循环切削，背吃刀量为0.6mm
N64	X43.2；	第3次循环切削，背吃刀量为0.4mm
N66	X43.04；	第4次循环切削，背吃刀量为0.16mm
N68	G00　X200.　Z200.　M09；	退刀
N70	M05；	主轴停止
N72	M30；	程序结束

项目二　零件综合加工训练二

编制如图 2-59 所示零件的加工程序（以工件的右端面建立工件坐标系），毛坯为 ϕ40mm ×68mm 的棒料，材料为 45 钢。

其余 $\sqrt{\frac{6.3}{}}$

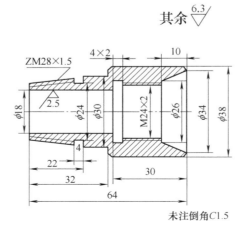

未注倒角C1.5

图 2-59　螺纹轴套

1. 刀具选择及切削参数的选择

（1）刀具选择

1 号刀：93°菱形外圆车刀

2 号刀：内孔镗刀

3 号刀：内切槽刀，刀宽 3mm

4 号刀：60°内螺纹刀

5 号刀：外切槽刀，刀宽 3mm

6 号刀：60°外螺纹刀

ϕ18mm 钻头

（2）切削参数的选择　根据加工表面质量要求、刀具和工件材料，参考切削用量手册或机床使用说明书选取：外轮廓粗、精加工的主轴转速分别选为 800r/min 和 1200r/min，进给速度分别选为 120mm/min 和 100mm/min；内外切槽的主轴转速为 600r/min，进给速度为 40mm/min；加工螺纹的主轴转速为 400r/min；镗孔粗、精加工的主轴转速分别选为 800r/min 和 1200r/min，进给速度分别选为 100mm/min 和 80mm/min。

2. 工艺路线

1）三爪自定心卡盘夹紧零件左端外圆柱面，用 ϕ18mm 钻头手动钻孔至 ϕ18mm。

2）用 G90 粗、精加工工件右端外轮廓至尺寸。

3）用 G71 粗加工工件右端内孔后，G70 精加工内孔至尺寸。

4）车内孔 4mm×2mm 槽至尺寸。

5）加工 M24 螺纹至尺寸。螺距为 2mm，查表 2-22 得牙高为 1.3mm，分 5 次切削完成。每次的背吃刀量分别为 0.8mm、0.6mm、0.6mm、0.4mm、0.2mm。

6）调头，垫铜皮夹，右端 ϕ38mm 外圆面找正，用 G71 粗加工工件左端外轮廓后，G70 精加工至尺寸。

7）车外退刀槽 4mm×ϕ24mm 槽至尺寸。

8）加工左端锥螺纹至尺寸。螺距为 1.5mm，查表 2-22 得牙高为 0.975mm，分 4 次切削完成。每次的背吃刀量分别为 0.8mm、0.5mm、0.5mm、0.15mm。

3. 锥度内、外轮廓的坐标

从图 2-60 可以看出锥螺纹的左端面引入长度为 5mm，其小锥端直径为 22.9mm。超越长度为 2mm，即外槽的中段大锥端直径为 28.4mm。为了保证内孔锥面的表面粗糙度，也增加了 4mm 的引入长度，其位置锥端直径为 37.2mm。

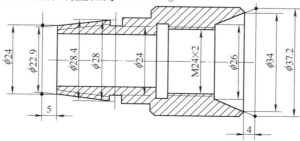

图 2-60　内、外锥轮廓坐标计算

4. 螺纹底孔直径的计算

螺纹底孔直径可参照表2-36的经验公式计算或查相关手册（表2-37）。

表2-36 加工米制普通螺纹底孔钻头直径 D 的计算公式

序号	公 式	适 用 范 围
1	$D = d - P$ 式中　d——螺纹的公称直径 　　　P——螺距	①螺距 $P < 1$ ②工件材料塑料较大 ③孔扩张量适中
2	$D = d - (1.04 \sim 1.08) P$	①螺距 $P > 1$ ②工件材料塑料较小 ③孔扩张量较小

表2-37 米制螺纹钻底孔用钻头直径尺寸表　　　　（单位：mm）

公称直径	螺距		钻头直径	公称直径	螺距		钻头直径
3	粗	0.5	2.5	4	粗	0.7	3.3
	细	0.35	2.65		细	0.5	3.5
5	粗	0.8	4.2	6	粗	1	5
	细	0.5	4.5		细	0.75	5.2
8	粗	1.25	6.7	10	粗	1.5	8.5
	细	1	7		细	1.25	8.7
	细	0.75	7.2		细	1	9
					细	0.75	9.2
12	粗	1.75	10.2	14	粗	2	11.9
	细	1.5	10.5		细	1.5	12.5
	细	1.25	10.7		细	1.25	12.7
	细	1	11		细	1	13
16	粗	2	13.9	18	粗	2.5	15.4
	细	1.5	14.5		细	2	15.9
	细	1	15		细	1.5	16.5
					细	1	17
20	粗	2.5	17.4	22	粗	2.5	19.4
	细	2	17.9		细	2	19.9
	细	1.5	18.5		细	1.5	20.5
	细	1	19		细	1	21
24	粗	3	20.9	27	粗	3	23.9
	细	2	21.9		细	2	24.9
	细	1.5	22.5		细	1.5	25.5
	细	1	23		细	1	26

5. 加工零件程序

（1）零件右端面加工程序（表2-38）

表2-38　螺纹轴套右端面加工程序

程　序		注　释
	O0001	主程序名
N2	G98　G21　G97；	初始化（每分进给；米制单位；固定转速）
N4	M03　S800　T0101；	主轴转速为800r/min；换1号外圆刀并由刀偏建立工件坐标系
N6	G00　X46.　Z0.；	快速移到加工起始点
N8	G01　X－0.5　F100；	进给速度为100mm/min,加工右端面
N10	G00　X46.　Z2.；	返回下一步加工起始点
N12	G90　X38.4　Z－34.　F120；	外轮廓粗加工，单边留精加工余量0.2mm
N14	X38.　F100　S1200；	外轮廓精加工。G90指令是模态指令
N16	G00　X31.；	
N18	G01　X38.　Z－1.5；	倒角C1.5
N20	G00　X150.　Z200.；	退回换刀点
N22	T0202；	换2号镗孔刀，主轴转速为800r/min
N24	G00　X16.　Z4.；	快速移到内孔加工起始点
N26	G71　U1.　R0.5；	内孔粗车循环，背吃刀量为1mm，退刀量为0.5mm
N28	G71　P30　Q38　U－0.3　W0.　F100　S800；	粗加工循环，进给速度为100mm/min，X向精加工余量为0.3mm
N30	G00　X37.2　S1200　F80；	主轴转速为1200r/min和进给速度为80mm/min在精加工中有效
N32	G01　X26.　Z－10.；	
N34	X23.；	
N36	X21.8　Z－11.5；	倒角C1.5
N38	Z－30.；	
N40	G70　P30　Q38；	
N42	G00　X200.　Z200.；	退回换刀点
N44	T0303　S600；	换3号内孔切槽刀，主轴转速为600r/min
N46	G00　X18.；	
N48	Z－30.；	
N50	G01　X26.　F40；	切内孔槽，进给速度为40mm/min
N52	X18.；	
N54	Z－29.；	
N56	X26.；	
N58	X18.；	
N60	G00　Z200.；	
N62	X200.；	退回换刀点

（续）

程　序		注　释
O0001		主程序名
N64	T0505　S400;	换 3 号内孔切槽刀, 主轴转速为 400r/min
N66	G00　X20.;	快速移到内孔螺纹加工起始点
N68	Z－6.;	
N70	G92　X22.3　Z－28.　F2;	G92 螺纹第 1 次循环切削, 背吃刀量为 0.9mm
N72	X22.9;	第 2 次循环切削, 背吃刀量为 0.6mm
N74	X23.5;	第 3 次循环切削, 背吃刀量为 0.6mm
N76	X23.9;	第 4 次循环切削, 背吃刀量为 0.4mm
N78	X24.;	第 5 次循环切削, 背吃刀量为 0.1mm
N80	G00　Z200.;	退刀
N82	X200.;	
N84	M05;	主轴停止
N86	M30;	程序结束

（2）零件左端面加工程序（表 2-39）

表 2-39　轴纹轴套左端面加工程序

程　序		注　释
O0002		主程序名
N2	G98　G21　G97;	初始化（每分进给; 米制螺纹; 固定转速）
N4	M03　S800　T0101;	主轴转速为 800r/min; 换 1 号外圆刀并由刀偏建立工件坐标系
N6	G00　X46.　Z0.;	快速移到加工起始点
N8	G01　X－0.5　F100;	进给速度为 120mm/min, 加工左端面
N10	G00　X44.　Z5.;	返回下一步加工起始点
N12	G71　U1.　R0.5;	外轮廓粗车循环, 背吃刀量为 1mm, 退刀量为 0.5mm
N14	G71　P16　Q24　U0.3　W0.　F120　S800;	粗加工循环, 进给速度为 120mm/min, X 向精加工余量为 0.3mm
N16	G00　X22.9　S1200　F100;	主轴转速为 1200r/min 和进给速度为 100mm/min 在精加工中有效
N18	G01　X28.4　Z－20.;	
N20	X30.;	
N22	Z－32.;	
N23	X35.;	
N24	X38.　Z－33.5;	
N26	G70　P16　Q24;	外轮廓精车循环
N28	G00　X200.　Z200.;	退回换刀点
N30	T0505　S600;	换 5 号外槽切刀, 主轴转速为 600r/min

（续）

程　序		注　释
	O0002	主程序名
N32	G00　X32.　Z－22.；	快速移到加工起始点
N34	G01　X24.　F40；	切外槽，进给速度为 40mm/min
N36	X32.；	
N38	Z－21.；	
N40	X24.；	
N42	G00　X200.；	
N44	Z200.；	退回换刀点
N46	T0606　S400；	换 6 号外槽切刀，主轴转速为 400r/min
N48	G00　X32.　Z5.；	快速移至锥螺纹加工起始点
N50	G92　X27.6　Z－20.　R－2.75　F1.5；	－2.75 为起点和终点的半径差，1.5 为螺距，第 1 次循环切削
N52	X27.；	第 2 次循环切削
N54	X26.6；	第 3 次循环切削
N56	X26.44；	第 4 次循环切削
N58	G00　X200.　Z200.；	退刀
N60	M05；	主轴停止
N62	M30；	程序结束

项目三　零件综合加工训练三

编制如图 2-61 所示零件的加工程序（以工件的右端面建立工件坐标系），毛坯为 $\phi30\text{mm} \times 90\text{mm}$ 的棒料，材料 45 钢。

1. 刀具选择及切削参数的选择

（1）刀具选择

1 号刀：90°圆车刀。

2 号刀：尖头车刀（粗车）。

3 号刀：尖头车刀（精车，刀尖圆弧 R0.3mm）。

4 号刀：60°螺纹刀。

5 号刀：切断刀，刀宽 4mm。

（2）切削参数的选择　根据加工表面质量要求、刀具和工件材料，参考切削用量手册或机床使用说明书选取：车右端面的主轴转速为 80m/min，进给速度为 0.1mm/r；粗精车外轮廓的主轴转

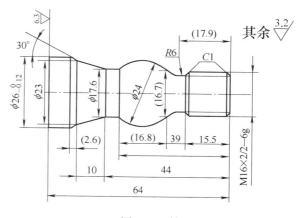

图 2-61　轴

速分别选为 80m/min 和 110m/min，进给速度分别选为 0.12mm/r 和 0.08mm/r；加工螺纹的主轴转速为 250r/min；切断的主轴转速为 500r/min，进给速度为 0.1mm/r。

2. 工艺路线

1）三爪自定心卡盘夹紧零件左端外圆柱面，车右端面。

2）用 G71 粗加工工件外轮廓留加工余量后，G70 精加工至尺寸。

3）加工 M16×3/2 双线螺纹至尺寸。

4）切断。

3. 加工零件程序（表2-40）

表 2-40　轴的加工程序

程　　　序		注　　释
	O00001	主程序名
N2	G99　G21　G97；	初始化(每转进给;米制单位;固定转速)
N4	T0101；	换 1 号 90°偏刀并由刀偏建立工件坐标系
N6	M03　S800；	主轴转速为 800r/min
N8	G50　S1800；	限制最高转速为 1800r/min
N10	G96　S80；	恒线速为 80m/min
N12	G00　X34.　Z0.　M08；	快速移到加工起始点,打开切削液
N14	G01　X−0.5　F0.1；	平端面,进给速度为 0.1mm/r
N16	G00　X150.　Z200.；	返回换刀点
N18	T0202；	换 2 号尖刀
N20	G00　X33.5　Z1.　F0.12；	
N22	M98　P90002；	调用子程序 9 次
N24	G00　X150.　Z200.；	返回换刀点
N26	T0303；	换 3 号尖刀
N28	G96　S110；	恒线速为 110m/min
N30	G00　X17.　Z1.　F0.08；	
N32	M98　P0002；	精加工调用子程序 1 次
N34	G00　X150.　Z200.；	返回换刀点
N36	T0404；	换 4 号螺纹刀加工双线螺纹
N38	G97　S200；	固定转速为 200r/min
N40	G00　X18.　Z5.；	螺纹加工起始点
N42	G76　P030060　Q20　R50.；	车双线螺纹第 1 个线
N44	G76　X13.7　Z−17.9　R0.　P1300　Q400　F4；	
N46	G00　X18.　Z7.；	移动 1 个螺距
N48	G76　P030060　Q20　R50.；	车双线螺纹第 2 个线
N50	G76　X13.7　Z−17.9　R0.　P1300　Q400　F4；	
N52	G00　X150.　Z200.；	返回换刀点
N54	T0505；	换 5 号切断刀
N56	M03　S500；	
N58	G00　X34.；	
N60	Z−68.；	总长加切刀宽 4mm
N62	G01　X−0.5　F0.1；	切断
N64	X100.　Z200.；	退刀
N66	M09；	切削液关闭

（续）

程　　　序		注　　　释
O0001		主程序名
N68	M05；	主轴停止
N70	M30；	程序结束
O0002		子程序名
N2	G01　U−5.；	
N4	G01　U3.8　Z−1.；	
N6	Z−14.5；	
N8	U−1.8　Z−15.5；	
N10	G02　U2.7　Z−22.2　R6.；	
N12	G03　U0.9　W−16.8　R12.；	
N14	G01　Z−44.；	
N16	U5.4　Z−54.；	
N18	U3.　Z−57.6；	
N20	Z−70.；	
N22	G00　U3.；	
N24	Z1.；	
N26	U−13.；	
N28	M99；	

思考与练习题

2-1 试说明机床原点与参考点、工件原点的关系。

2-2 已知：当前刀具起点位置为（0，0）点，试画出机床执行以下程序刀具所走的轨迹。

（1）G00　X100.　Z50.；→G02　X130.　Z80.　R−30.；→G00　X0.　Z0.；

（2）G01　X100.　Z50.；→G02　X130.　Z80.　R30.；→G01　X0.　Z0.；

（3）G00　U100.　W50.；→G03　U30.　W30.　I30.　K0.；→G00　U−130.　W−80.；

（4）G01　U100.　W50.；→G03　U30.　W30.　I50.　K0.；→G00　U−100.　W−50.；

2-3 编制一个精车外轮廓并切断的程序，图形尺寸如图 2-62 所示，精加工余量为 0.5mm。

2-4 零件如图 2-63 所示，使用基本代码编写加工程序。已知：毛坯为 φ30mm 的棒料，1 号刀具为外圆车刀，3 号刀具为切断刀。

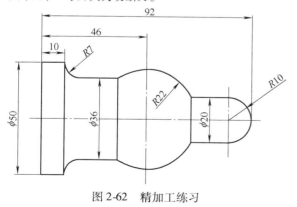

图 2-62　精加工练习

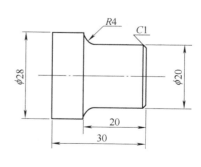

图 2-63　阶梯轴

2-5 如图 2-64 所示，已知：毛坯直径为 φ32mm，长度为 77mm，1 号刀具为外圆车刀，3 号刀为切断刀，宽度为 2mm，试编写其加工程序。

2-6　零件如图 2-65 所示，试编写精车手柄并切断的程序（带刀补）。

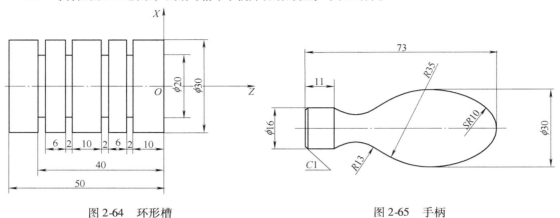

图 2-64　环形槽　　　　　　　　　　　　　　图 2-65　手柄

2-7　利用复合循环编写如图 2-66 所示零件的加工程序。

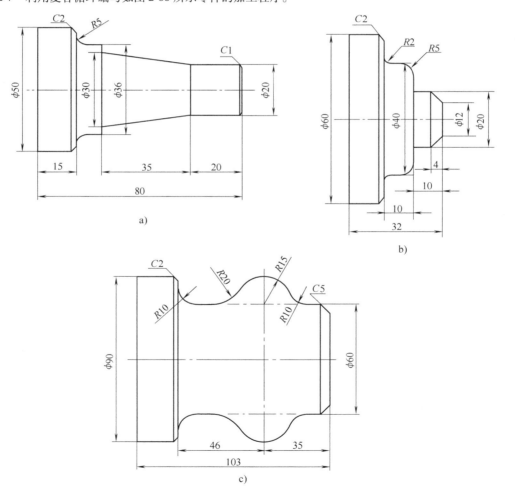

图 2-66　复合循环加工练习

2-8　采用螺纹加工指令编写如图 2-67 所示零件。

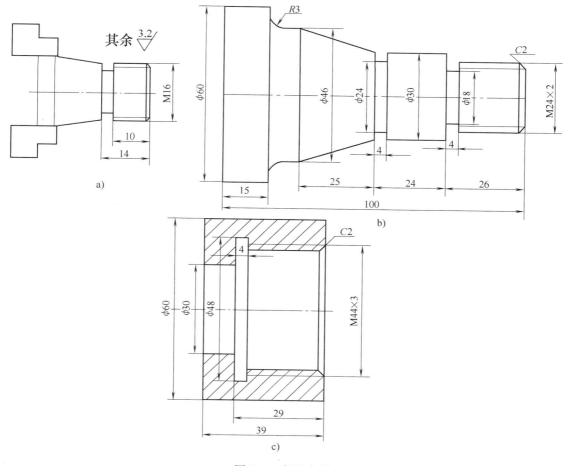

图 2-67　螺纹车削

2-9　根据所学编写如图 2-68a～h 所示零件。

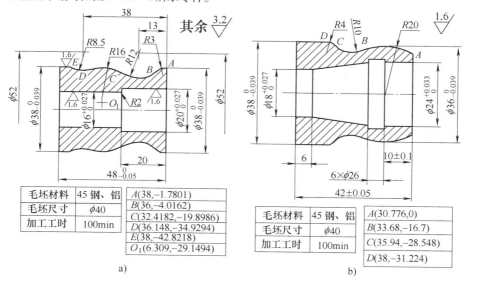

毛坯材料	45 钢、铝	A(38,−1.7801)
毛坯尺寸	φ40	B(36,−4.0162)
加工工时	100min	C(32.4182,−19.8986)
		D(36.148,−34.9294)
		E(38,−42.8218)
		O₁(6.309,−29.1494)

a)

毛坯材料	45 钢、铝	A(30.776,0)
毛坯尺寸	φ40	B(33.68,−16.7)
加工工时	100min	C(35.94,−28.548)
		D(38,−31.224)

b)

图 2-68　综合练习

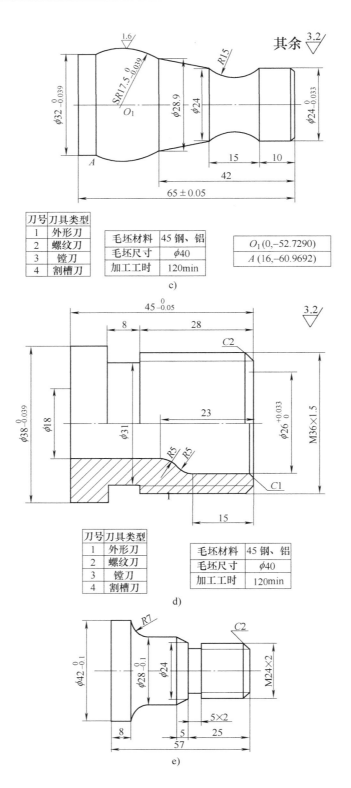

图 2-68　综合练习（续一）

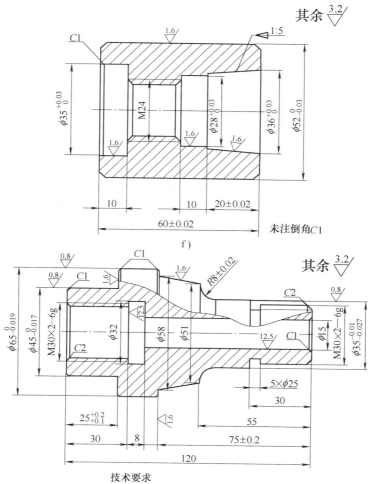

f)

技术要求

1. 未注公差尺寸按 GB/T1804—m。
2. 锐边倒钝角 C0.3。

g)

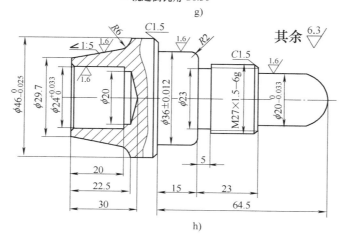

h)

图 2-68　综合练习（续二）

第3章　数控铣床及加工中心工艺编程

基本要求

1. 学会数控铣床、加工中心的基本操作（开机、关机、回零、程序输入、程序调用、程序校验、轨迹仿真、参数设定等）。

2. 掌握常见工件的定位装夹方法。

3. 掌握数控铣床对刀及工件坐标系的建立。

4. 掌握常用功能指令、刀具半径补偿功能指令、刀具长度补偿功能指令、孔加工循环功能指令的应用。

5. 能够合理选用常用内、外轮廓，孔及平面的加工刀具。

6. 学会零件加工工艺路线、走刀路线及切削用量的确定。

7. 能够对中等复杂零件进行加工编程。

8. 学会使用游标卡尺、百分表、角度尺、螺纹规、样板等常用检测工具。

学习重点

1. 常用功能指令、循环功能指令、螺纹加工指令的应用。

2. 合理选用常用内、外轮廓，孔及螺纹的加工刀具。

3. 学会零件加工工艺路线、走刀路线及切削用量的确定。

学习难点

1. 刀具半径补偿功能、刀具长度补偿功能、孔加工循环功能指令的应用。

2. 典型零件加工的综合分析与编程。

　　铣削加工是机械加工中最常用的加工方法之一，可以进行平面铣削和内、外轮廓铣削，也可以对零件进行钻、扩、铰、镗、锪加工及螺纹加工等。数控铣削除了能完成普通铣床能铣削的各种零件表面外，还能铣削需要 2 ~ 5 坐标联动的各种平面轮廓和三维空间轮廓。

　　飞机、涡轮机、水轮机和各类模具中具有高附加值的复杂形状零部件，以前大都采用多道工序和多台机床进行加工。这样不仅加工周期长，而且还因多次装夹而难以达到高精度。有了数控加工中心之后，在一次装夹中可以对坯料的五个面进行平面、曲面、孔和螺纹等多种工序加工，从而大大缩短加工周期并提高加工精度。

　　通常数控铣床和加工中心在结构、工艺和编程等方面类似。数控铣床与加工中心相比，区别主要在于数控铣床没有自动刀具交换装置（ATC，Automatic Tools Changer）及刀具库，只能用手动方式换刀，而加工中心因具备 ATC 及刀具库，故可将使用的刀具预先安排存放于刀具库内，可在程序中通过换刀指令，实现自动换刀。

　　本章主要以立式数控铣床为对象，介绍数控铣削加工的工艺与编程技术，在此基础上，通过实例说明加工中心工艺与编程的特点及应用。

3.1 基本功能指令

3.1.1 工件坐标系的建立（G92、G54～G59、G52）

1. 用 G92 建立工件坐标系

（1）坐标系设定指令 G92

1）编程格式：G92 X＿ Y＿ Z＿；

2）说明：该指令的作用是将工件坐标系原点设定在相对于刀具起始点的某一空间点上，X、Y、Z 指令后的坐标值实质上就是当前刀具在所设定的工件坐标系中的坐标值。即通过给定刀具起始点在工件坐标系中的坐标值，来反求工件坐标原点的位置。系统在执行程序"G92 X＿ Y＿ Z＿；"时，刀具并不产生任何运动，系统只是将这个坐标值寄存在数控装置的存储器内，从而建立起工件坐标系。例如，欲将坐标系设置为如图 3-1 所示位置，则程序指令为"G92 X30. Y30. Z20. ;"。

值得注意的是，该指令与车床坐标系设定指令 G50 相同，工件坐标系原点的位置与刀具起始点的位置具有相对关联关系，当刀具起始点的位置发生变化时，工件坐标系原点的位置也会随之发生变化。

（2）用 G92 指令建立工件坐标系时应注意的问题

1）由于 G92 指令为非模态指令，一般放在一个零件程序的第一段。程序段中的"X、Y、Z"的坐标值为刀具在工件坐标系中的坐标，执行此程序段只建立工件坐标系，刀具并不产生运动。工件坐

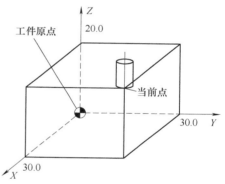

图 3-1 G92 工件坐标系的设定

标系建立后，刀具和工件坐标原点的相对位置已被系统记忆，工件坐标系的原点与机床零点（参考点）的实际距离无关。

2）工件坐标系建立后，一般不能将机床锁定后测试运行程序，因为机床锁定后刀具和工件的实际相对位置不会发生变化，而程序运行后，系统记忆的坐标位置可能发生了变化。如果必须要将机床锁定后测试运行程序，则需确认工件坐标系是否发生了变化。若发生变化，则必须重新对刀、建立坐标系。

3）用 G92 的方式建立工件坐标系后，如果关机，建立的工件坐标系将丢失，重新开机后必须再对刀以建立工件坐标系。

2. 用 G54～G59 指令建立工件坐标系

批量加工的工件，即使依靠夹具在工作台上准确定位，用 G92 指令来对刀和建立工件坐标系也不太方便。这时，经常使用与机床参考点位置固定的绝对工件坐标系，分别通过坐标系偏置 G54～G59 这 6 个指令来选择调用对应的工件坐标系。这 6 个工件坐标系是通过运行程序前，输入每个工件坐标系的原点到机床参考点的偏置值而建立的。

工件坐标系原点 W 与机床原点（参考点）M（R）的关系如图 3-2 所示。

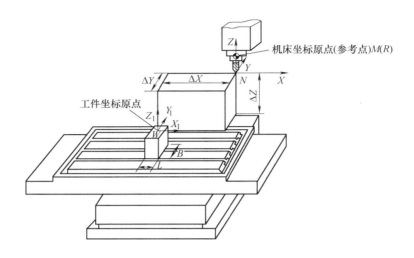

图 3-2　工件坐标原点（G54～G59）与机床原点的关系

用 G54～G59 指令建立工件坐标系，即通过对刀操作获得工件坐标系原点在机床坐标系中的坐标值，此数值为工件坐标系的原点到机床参考点的偏置值。这 6 个预定工件坐标系的原点在机床坐标系中的坐标（工件零点偏置值）可用 MDI 方式输入，系统可自动记忆。

3. 局部坐标系的建立

在数控编程中，为了编程方便，有时要给程序选择一个新的参考坐标系，通常是将工件坐标系偏移一个距离。在 FANUC 系统中，通过用 G52 指令来实现这个功能。

1）编程格式：G52　X＿＿　Y＿＿　Z＿＿；

　　　　　　　　G52　X0.　Y0.　Z0.；

2）说明

①G52 设定的局部坐标系，其参考基准是当前设定的有效工件坐标系原点，即使用 G54 ～G59 设定的工件坐标系。

②X、Y、Z 是指局部坐标系的原点在原工作坐标系中的位置，该值用绝对坐标值加以指定。

③"G52　X0.　Y0.　Z0.；"表示取消局部坐标系，其实质是将局部坐标系原点设定在原工件坐标系原点处。

3.1.2　常用的功能指令（G90、G91、G17～G19、G27～G29、G02、G03）

1. 绝对与相对坐标（G90、G91）

编程格式　　G90；（绝对坐标）

　　　　　　　G91；（相对坐标）

【例 3-1】　如图 3-3 所示，刀具按轨迹 A→B→C 运行，试分别用绝对坐标与相对坐标编程（假设刀具起始点为 A）。

解：

1）绝对坐标编程程序为

G90 G01 X38. Y64. F300;($A \rightarrow B$)

X65. Y23.;($B \rightarrow C$)

2）相对坐标编程程序为

G91 G01 X18. Y54. F300;($A \rightarrow B$)

X27. Y－41.;($B \rightarrow C$)

2. 坐标平面设定

在圆弧插补、刀具半径补偿及刀具长度补偿时必须首先确定一个平面，即确定一个由两个坐标轴构成的坐标平面。

G17：选择 XY 平面。

G18：选择 XZ 平面。

G19：选择 YZ 平面。

G17、G18、G19 指令为模态指令，G17 是系统默认指令。

3. 返回参考点指令

参考点的返回有两种方式：手动返回参考点和自动返回参考点。其中，自动返回参考点是用于机床开机后已进行手动返回参考点后，在程序中需要返回参考点进行换刀时使用的功能。

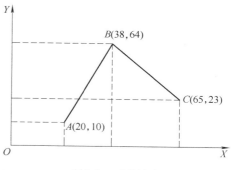

图 3-3 刀具轨迹

（1）返回参考点检查（G27） G27 用于检查刀具是否按程序正确地返回到参考点。数控机床通常是长时间连续工作的，为了提高加工的可靠性及保证零件的加工精度，可用 G27 指令来检查工件原点的正确性。

1）编程格式：G27 X(U)__ Y(V)__ Z(W)__；

式中 X、Y、Z——参考点在工件坐标系中的绝对坐标值；

U、V、W——机床参考点相对刀具当前点的增量坐标值。

2）说明

①执行该指令时，各轴按指令中给定的坐标值快速定位，且系统内部检测参考点的行程开关信号。如果定位结束时，检测到开关信号发令正确，则操作面板上参考点返回指示灯会亮，说明主轴正确回到了参考点位置；否则，机床会发出报警提示（NO.092），说明程序中指定的参考点位置不对或机床定位误差过大。

②执行 G27 指令的前提是机床开机后返回过参考点（手动返回或用 G28 指令返回）。若先前用过刀具补偿指令（G41、G42 或 G43、G44），则必须取消补偿（用 G40 或 G49），才能使用 G27 指令。

（2）返回参考点（G28） G28 指令是使刀具从当前点位置以快速定位方式经过中间点回到参考点。

编程格式：G28 X(U)__ Y(V)__ Z(W)__；

式中 X(U)__、Y(V)__、Z(W)__——中间点的坐标值。指定中间点的目的是使刀具沿着一条安全的路径返回参考点。

（3）从参考点返回（G29）　G29 指令是使刀具从参考点以快速定位方式经过中间点返回。

编程格式：G29　X（U）＿　Y（V）＿　Z（W）＿；

4. 圆弧插补指令

用 G02、G03 指定圆弧插补，其中，G02 为顺时针圆弧插补，G03 为逆时针圆弧插补。

顺时针、逆时针方向判别：从垂直圆弧所在平面的第三坐标轴正方向往负方向看，顺时针用 G02，逆时针用 G03，如图 3-4 所示。

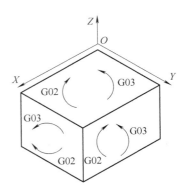

图 3-4　G02、G03 的判定

圆弧插补指令编程，有圆心编程和半径编程两种格式。

（1）圆心编程格式　编程格式为

G17　G02 \ G03　X ＿　Y ＿　I ＿　J ＿　F ＿；
G18　G02 \ G03　X ＿　Z ＿　I ＿　K ＿　F ＿；
G19　G02 \ G03　Y ＿　Z ＿　J ＿　K ＿　F ＿；

式中　X ＿、Y ＿、Z ＿——圆弧终点坐标值，在 G90 绝对坐标方式下，圆弧终点坐标是在工件坐标系上的绝对坐标值；在 G91 增量坐标方式下，圆弧终点坐标是相对于圆弧起点的增量；

I ＿、J ＿、K ＿——圆弧圆心的坐标值。它是圆弧圆心相对圆弧起点在 X、Y、Z 轴方向上的增量值，无论在 G90 或 G91 时，其定义相同。I、J、K 的值为零时可以省略。

【例 3-2】　图 3-5 所示为用圆弧插补轨迹。

解：

G90　（G17）　G03　X10.　Y48.　I－30.　J－12.　F100;（绝对坐标编程）
G91　（G17）　G03　X－40.　Y24.　I－30.　J－12.　F100;（增量坐标编程）

注：（）内可以省略。

【例 3-3】　如图 3-6 所示，用圆弧插补指令对整圆编程。

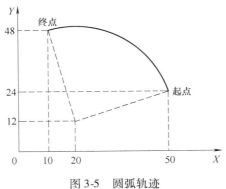

图 3-5　圆弧轨迹

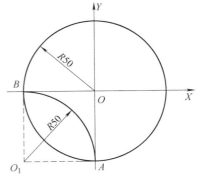

图 3-6　圆弧编程图例

解：

1）从 A 点顺时针一周

G90　G02　（X0.）　（Y－50.）　（I0.）　J50.　F100;（绝对坐标编程）

G91　G02　(X0.Y0.)(I0.)　J50.F100;(增量坐标编程)

2) 从 *B* 点逆时针一周

G90　G03　X−50.　(Y0.)　I50.　(J0.)　F100;(绝对坐标编程)

G91　G03　(X0.Y0.)　I50.　(J0.)　F100;(增量坐标编程)

（2）半径编程格式　编程格式为

G17　G02\G03　X＿＿　Y＿＿　R＿＿　F＿＿;

G18　G02\G03　X＿＿　Z＿＿　R＿＿　F＿＿;

G19　G02\G03　Y＿＿　Z＿＿　R＿＿　F＿＿;

式中，R 表示圆弧半径参数。当圆弧圆心角小于 180°时，R 后的半径值用正数表示；当圆弧圆心角大于 180°时，R 后的半径值用负数表示；当圆弧圆心角等于 180°时，R 后的半径值用正或负数表示均可。插补整圆时，不可以用 R 编程，只能用 I、J、K。

【例 3-4】　如图 3-6 所示，用半径编程对圆弧 *AB* 进行编程（起点 *A*，终点 *B*）。

解：程序为

G90　G03　X0　Y−50　R50　F100;(逆时针小圆弧插补,圆心为 O_1)

G90　G03　X0　Y−50　R−50　F100;(逆时针大圆弧插补,圆心为 *O*)

【例 3-5】　试根据图 3-7 所示尺寸要求，在 96mm×48mm 硬铝板上加工出如图 3-8 所示 POS 字样。

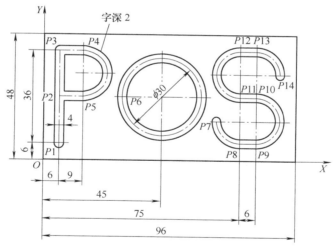

图 3-7　POS 零件图

（1）加工工艺分析

1) 工件采用机床用平口虎钳装夹，其下表面用垫铁支承。

2) 加工尺寸精度要求不高，工件材料为硬铝。故刀具 T01 选择与图形槽宽度相同的 ϕ4mm 的键槽铣刀，刀具材料为高速钢，加工中垂直下刀至 2mm 深。

3) 加工工艺路线：分别从 *P1*、*P6*、*P7* 点下

图 3-8　POS 三维效果图

刀，依各基点顺序加工出图样。

　　4）切削用量选择：

　　①选择主轴转速为 1200r/min（实际主轴转速、进给速度可以根据加工情况，通过操作面板上倍率开关调节）。

　　②进给速度。垂直下刀时取 100mm/min，切削进给时取 200mm/min。

　　5）如图 3-7 所示，选择工件上表面及左下角点 O 为工件坐标原点。

　　6）$P1 \sim P14$ 各个基点的坐标值计算比较简单，此处略。

　　（2）加工程序编制（立式铣床，表 3-1）

表 3-1　POS 的加工程序

程　　序		注　　释
O0001		主程序名
N2	G90　G54　G00　Z100.;	绝对坐标编程,调用工件坐标系 G54,刀具垂直快移至 Z 轴正向的 100mm
N4	X6.　Y6.　M03　S1200;	定位至 $P1$ 点上方,主轴正转,转速为 1200r/min
N6	Z10.;	快速下刀至 Z 轴正向的 10mm
N8	G01　Z-2.　F100;	直线插补至槽底,进给速度为 100mm/min
N10	Y42.　F200;	$P1 \to P3$,进给速度为 200mm/min
N12	X15.;	$P3 \to P4$
N14	G02　(X15.)　Y24.　R9.;	顺时针圆弧插补,$P4 \to P5$
N16	G01　X6.;	$P5 \to P2$
N17	G00　Z5.;	抬刀至 Z 轴正向的 5mm
N18	X30.　Y24.;	定位至 $P6$ 点上方
N20	G01　Z-2.　F100;	下刀至槽底
N22	G02　(X30.　Y24.)　I15.　J0.　F200;	顺时针整圆插补
N24	G00　Z5.;	抬刀
N26	X66　Y15.;	定位至 $P7$ 点上方
N28	G01　Z-2.　F100;	下刀至槽底
N30	G03　X75.　Y6.　R9.　F200;	逆时针圆弧插补,$P7 \to P8$
N32	G01　X81.;	$P8 \to P9$
N34	G03　Y24.　J9.;	$P9 \to P10$
N36	G01　X75.;	$P10 \to P11$
N38	G02　Y42.　R9.;	顺时针圆弧插补,$P11 \to P12$
N40	G01　X81.;	$P12 \to P13$
N42	G02　X90.　Y33.　R9.;	$P13 \to P14$
N44	G00　Z100.;	抬刀
N46	X-100.　Y0.;	刀具移开,以便装卸工件
N48	M05;	主轴停止
N50	M30;	程序结束

5. 螺旋线插补指令（G02/G03）

1）编程格式：$G17\begin{Bmatrix}G02\\G03\end{Bmatrix}X\_\_\_Y\_\_\_\begin{Bmatrix}I\_\_\_J\_\_\\R\_\_\_\end{Bmatrix}Z\_\_\_F\_\_;$

$G18\begin{Bmatrix}G02\\G03\end{Bmatrix}X\_\_\_Z\_\_\_\begin{Bmatrix}I\_\_\_K\_\_\\R\_\_\_\end{Bmatrix}Y\_\_\_F\_\_;$

$G19\begin{Bmatrix}G02\\G03\end{Bmatrix}Y\_\_\_Z\_\_\_\begin{Bmatrix}J\_\_\_K\_\_\\R\_\_\_\end{Bmatrix}X\_\_\_F\_\_;$

2）说明：X、Y、Z 中由 G17、G18、G19 平面选定的 2 个坐标为螺旋线投影圆弧的终点，意义同圆弧进给。该指令对另一个不在圆弧平面上的第 3 坐标轴施加移动指令。

【例3-6】 使用 G03 指令对图 3-9 所示的螺旋线编程。

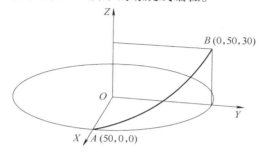

图 3-9　螺旋线编程

解：
螺旋线起点 A，终点 B，圆弧投影所在平面为 XY，程序如下：
G90　G17　G03　X0.　Y50.　R50.　Z30.　F200；
或 G91　G17　G03　X - 50.　Y50.　R50.　Z30.　F200；

3.1.3　刀具半径补偿功能（G41、G42、G40）

1. 刀具半径补偿的概念

在数控铣床上进行轮廓铣削时，由于刀具半径的存在，刀具中心轨迹与工件轮廓不重合。若人工计算刀具中心轨迹，计算过程相当复杂，且刀具直径变化时必须重新计算，修改程序。当数控系统具备刀具半径补偿功能时，操作者只需按工件轮廓进行数控编程，数控系统能够根据操作者预先输入的刀具半径值（或欲偏置值）自动计算刀具中心轨迹，从而得到正确的工件轮廓。这就是刀具半径补偿的概念。

（1）编程格式
（G17）　G00\G01　G41　X__　Y__　D__　（/F__）；（刀具半径左补偿）
（G17）　G00\G01　G42　X__　Y__　D__　（/F__）；（刀具半径右补偿）
（G17）　G00\G01　G40　X__　Y__　（/F__）；　　　　（取消刀补）
式中　X、Y——建立补偿直线段的终点坐标值；
　　　　　D——补偿号，即存储刀补值的存储器地址号，用 D00 ~ D99 来指定，用它来调用已设定的刀具半径补偿值。刀补号和对应的补偿值可用 MDI 方式输入。

说明：

1）G40、G41、G42 指令均为同组模态指令，可互相注销。

2）刀具半径补偿平面的切换必须在补偿取消的方式下进行。

G41 与 G42 的判别如图 3-10 所示，沿着刀具移动的方向看，当刀具中心在被加工轮廓的左侧时，为刀具半径左补偿；当刀具中心在被加工轮廓的右侧时，为刀具半径右补偿。

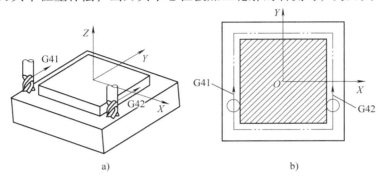

图 3-10　G41 与 G42 的判别

（2）半径补偿的过程　刀具半径补偿是一个让刀具中心相对于编程轨迹产生偏移的过程。G41、G42 及 G40 本身并不能使刀具直接产生运动，而是在 G00 或 G01 运动的过程中，逐渐使刀具偏移的。刀具半径补偿的过程可分为三步，如图 3-11 所示。A 为工件切入点，B 为切出点，P1 ~ P4 为工件轮廓基点。编程轨迹为起点→A→P2→P3→P4→B→起点。

1）刀补的建立。在刀具从起点接近工件到达 A 点时，刀心点从与编程轨迹重合过渡到与编程轨迹偏离一个偏置量的过程。

2）刀补执行。在切削过程中，刀具中心始终与编程轮廓相距一个偏置量。

3）刀补的取消。刀具在离开工件至切出点 B，在回到起点的过程中，刀心点逐渐过渡到与编程轨迹重合。

（3）刀具半径补偿注意事项

1）刀具半径补偿的建立与取消必须与 G00 或 G01 同时使用，且在半径补偿平面内至少一个坐标的移动距离不为零。

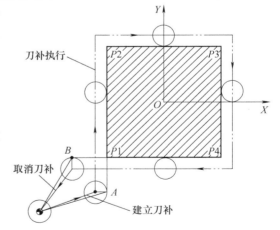

图 3-11　半径补偿的过程

2）刀具半径补偿在建立与取消时，起始点与终止点位置最好与补偿方向在同一侧，以防止产生过切现象，如图 3-12 所示。

3）在刀具半径补偿的建立与取消的程序段后，一般不允许存在连续两段以上的非补偿平面内移动指令，否则将会出现过切现象或出错。

4）一般情况下，刀具半径补偿量应为正值。如果补偿为负，则效果正好是 G41 和 G42 相互替换。

5）在刀具正转的情况下，采用左刀补铣削为顺铣，而采用右刀补则为逆铣，如图 3-13

所示。注意，刀具与工件的进给运动是相对的，两者方向相反。

①逆铣时，切削刃沿已加工表面切入工件，刀齿存在"滑行"和挤压，使已加工表面质量差，刀齿易磨损，但由于丝杠螺母传动时没有窜动现象，可以选择较大的切削用量，加工效率高，一般用于粗加工。

②顺铣时，铣刀刀齿切入工件时的切削厚度由最大逐渐减小到零。刀齿切入容易，且铣刀后面与已加工表面的挤压、摩擦小，切削刃磨损慢，加工出的零件表面质量高；但当工件表面有硬皮和杂质时，容易产生崩刃而损坏刀具，故一般用于精加工。

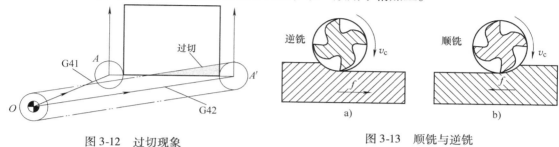

图 3-12　过切现象　　　　　　　　　　图 3-13　顺铣与逆铣

2. 刀具半径补偿指令在加工中的应用

1）自动计算刀具中心轨迹，简化编程。

2）用同一程序、同一尺寸的刀具，通过改变刀具半径补偿值的大小，可进行粗、精加工。

3）通过半径补偿值的调整，来控制零件轮廓尺寸加工精度，以修正由于刀具磨损、系统刚性不足及零件弹性变形回复等原因所造成的尺寸误差。

【例 3-7】　如图 3-14 所示，精铣零件拱形凸台轮廓。设定工件材料为硬铝，刀具为 $\phi 12mm$ 的立铣刀，刀具材料为高速钢。

（1）加工工艺分析

1）工件采用机床用平口虎钳装夹，其下表面用垫铁支承，用百分表找正。

2）零件拱形凸台轮廓已完成粗加工，留有余量，只需沿零件轮廓完成精加工。设定刀具半径补偿值为 D01：$R = 6mm$。加工时刀具在零件轮廓外（$P0$ 点）垂直下刀至 5mm 深。

3）加工工艺路线：按照 $P0 \rightarrow P1 \rightarrow P3 \rightarrow P4 \rightarrow P5 \rightarrow P6 \rightarrow P0$ 各基点顺序加工编程。

4）切削用量选择：

①选择主轴转速为 1200r/min（实际主轴转速、进给速度可以根据加工情况，通过操作面板上倍率开关调节）。

②选择进给速度为 200mm/min。

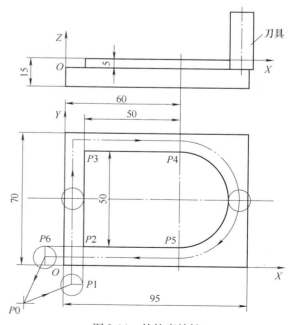

图 3-14　外轮廓精铣

5）如图 3-14 所示，选择工件上表面及左下角点 O 为工件坐标原点。

6）切入、切出点 P1、P6 通常选择在零件轮廓的延长线或切线上，与工件外轮廓距离应大于刀具半径（本题为 10mm）。各个基点的水平面内坐标：P0（ - 30, - 30）、P1（10, - 10）、P3（10,60）、P4（60,60）、P5（60,10）、P6（ - 10,10）。

（2）加工程序编制（立式铣床，表 3-2）

表 3-2 精铣拱形凸台轮廓程序

程 序		注 释
O0001		主程序名
N10	G90　G54　G00　Z100.	绝对坐标编程,调用工件坐标系 G54,刀具垂直快移至 Z 轴正方向 100mm
N20	X - 30.　Y - 30.　M03　S1200;	定位至 P0 点上方,主轴正转,转速为 1200r/min
N30	Z - 5.;	快速下刀至 Z 轴负方向 5mm
N40	G41　G00　X10.　Y - 10.　D01;	P0→P1,建立刀补
N50	G01　Y60.　F200;	P1→P3,进给速度为 200mm/min
N60	X60.;	P3→P4
N70	G02　(X60.)　Y10.　R25.;	顺时针圆弧插补,P4→P5
N80	G01　X - 10.;	P5→P6
N90	G00　G40　X - 30.　Y - 30.;	P6→P0,取消刀补
N100	Z100.;	抬刀
N110	M05;	主轴停止
N120	M30;	程序结束

【例 3-8】 零件图与例 3-7 相同，而工件毛坯为 95mm × 70mm × 15mm 的硬铝板，拱形凸台轮廓侧面要求表面粗糙度为 Ra1.6um，刀具同前，试完成零件的加工编程。

（1）加工工艺分析

1）工艺分析与例 3-7 相同，此处略。

2）根据题意，零件拱形凸台轮廓需要通过粗、精加工来完成，如图 3-15a 所示。此例可以不改变加工程序，通过改变刀具半径补偿值的方式实现粗加工和精加工。

3）刀具半径补偿值的计算，如图 3-15b 所示。

①找出零件上加工余量最大值。最大值为 $L = AB = 24.5mm$。

②计算粗加工进给次数。已知刀具直径 $d = 12mm$，则进给次数 $N = L/d = 24.5/12 \approx 2.04$，则取 $N = 3$ 次（当小数部分 ≤0.5 时，向整数进 1；当小数部分 >0.5 时，向整数部分进 2）。

③确定粗加工轨迹行距值。图 3-15b 中 R 为刀具半径，故 $R = d/2 = 6mm$。W 为第一刀进给量，其值等于刀具半径 R 减去刀具覆盖零件轮廓最外点（B 点）超出量 Δ，本题取 Δ = 3mm。所以，$W = R - \Delta = 6mm - 3mm = 3mm$。最后得到行距 $C = [L - (R + W)]/(N - 1) = 15.5/2mm = 7.7mm$。

④确定刀具半径补偿值。

第 1 刀 D01：$R_1 = L - W = 24.5\text{mm} - 3\text{mm} = 21.5\text{mm}$

第 2 刀 D02：$R_2 = L - W - C = 13.8\text{mm}$

第 3 刀 D03：理论值 $R_3 = R = 6\text{mm}$，但考虑给精加工（第 4 刀）留出余量 0.5mm，故实际取 $R_3 = 6\text{mm} + 0.5\text{mm} = 6.5\text{mm}$

第 4 刀 D04（精加工）：$R_4 = 6\text{mm}$

4）为简化编程，将例 3-7 中拱形凸台轮廓精加工程序作为子程序，4 次调用。

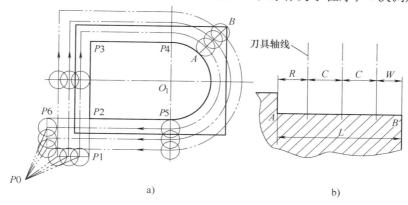

图 3-15　加工方案分析

a）加工轨迹示意　b）刀补值计算

（2）加工程序编制（立式铣床，表 3-3）

表 3-3　粗、精铣拱形凸台轮廓程序

程　序		注　释
O1000		主程序名
N10	G90　G54　G00　Z100.;	绝对坐标编程，调用工件坐标系 G54，刀具快移至 Z 轴正方向 100mm
N20	X－30.　Y－30.　M03　S1200;	定位至 P0 点上方，主轴正转，转速为 1200r/min
N30	Z－5.;	快速下刀至 Z 轴负方向 5mm
N40	G41　G00　X10.　Y－10.　D01;	P0→P1，建立刀补，刀补地址为 D01，$R = 21.5\text{mm}$
N50	M98　P1;	调用子程序，粗加工第 1 刀
N60	G00　G40　X－30.　Y－30.;	P6→P0，取消刀补
N70	G41　G00　X10.　Y－10.　D02;	P0→P1，建立刀补，刀补地址为 D02，$R = 13.8\text{mm}$
N80	M98　P1;	调用子程序，粗加工第 2 刀
N90	G00　G40　X－30.　Y－30.;	P6→P0，取消刀补
N100	G41　G00　X10.　Y－10.　D03;	P0→P1，建立刀补，刀补地址为 D03，$R = 6.5\text{mm}$
M110	M98　P1;	调用子程序，粗加工第 3 刀
N120	G00　G40　X－30.　Y－30.;	P6→P0，取消刀补
N130	G41　G00　X10.　Y－10.　D04;	P0→P1，建立刀补，刀补地址为 D04，$R = 6\text{mm}$
N140	M98　P1;	调用子程序，精加工第 4 刀
N150	G00　G40　X－30.　Y－30.;	P6→P0，取消刀补

（续）

程 序		注 释
	O1000	主程序名
N160	Z100.;	抬刀
N170	M05;	主轴停止
N180	M30;	程序结束
	O0001	子程序名
N2	G01　Y60.　F200;	$P1 \rightarrow P3$,进给速度为200mm/min
N4	X60.;	$P3 \rightarrow P4$
N6	G02　（X60.）　Y10.　R25.;	顺时针圆弧插补,$P4 \rightarrow P5$
N8	G01　X－10.;	$P5 \rightarrow P6$
N12	M99;	子程序结束,返回

3.1.4　刀具长度补偿功能（G43、G44、G49）

在数控机床上加工零件时，不同工序，往往需要使用不同的刀具，这就使刀具的直径、长度发生变化，或者由于刀具的磨损，也会造成刀具长度的变化。为此，在数控机床系统中设置了刀具长度补偿的功能，以简化编程，提高工作效率。

所谓刀具长度补偿功能，是指当使用不同规格的刀具或刀具磨损后，可通过刀具长度补偿指令补偿刀具长度尺寸的变化，而不必修改程序或重新对刀，达到加工要求。

（1）编程格式　　G01　G43　H __　Z __;（刀具长度正补偿）

G01　G44　H __　Z __;（刀具长度负补偿）

G01　G49　Z __;（刀具长度补偿取消）

（2）说明

1）在G17的情况下，刀具补偿G43和G44是指用于Z轴的补偿。同理，在G18的情况下，对Y轴补偿。在G19的情况下，对X轴补偿。

2）H __表示长度补偿值地址字，后面带两位数字表示补偿号。

3）一把基准刀具，使用G43指令时，将H代码指定的刀具长度补偿值加在程序中由运动指令指定的Z轴终点位置坐标上，即

$$Z 轴的实际坐标值 = Z 轴的指令坐标 + 长度补偿值$$

使用G44指令时，公式为

$$Z 轴的实际坐标值 = Z 轴的指令坐标 - 长度补偿值$$

如果设定长度补偿值 H __ 为正值，则G43、G44的补偿效果如图3-16所示。如果设定长度补偿值 H __为负值，则G43、G44的补

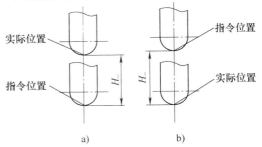

图 3-16　长度补偿功能示意（H __为正值时）
a) G43　b) G44

偿效果相当于两者互换。

4）补偿值的确定一般有两种情况：一是有机外对刀仪时，以主轴轴端中心作为对刀基准点，则以刀具伸出轴端的长度作为 H 中的偏置量。另一种常见于无对刀仪时，如果以标准刀的刀位点作为对刀基准，则刀具与标准刀的长度差值作为其偏置量。该值可以为正，也可以为负。为了不混淆 G43、G44 的用法，通常都采用 G43 指令，规定如果刀具长度 > 标准刀长度，H __取正值；如果刀具长度 < 标准刀长度，H __取负值。从而达到补偿的目的。

5）G43、G44、G49 为模态指令。

6）G43、G44、G49 指令本身不能产生运动，长度补偿的建立与取消必须与 G00 （或 G01）指令同时使用，且在 Z 轴方向上的位移量不为零。

7）在刀具长度补偿的建立与补偿取消的程序段后，一般不允许存在连续两段以上的非补偿平面第 3 轴移动指令（G17 时出现 Z 轴），否则系统将会出错。

【例 3-9】　如图 3-17 所示，在立式加工中心上以标准刀对刀并建立工件坐标系 G54，设输入值 H01 为 −30mm，H02 为 10mm。试问：

1）如何编程使刀具 T01 到达坐标 Z100.？

2）如何编程使刀具 T02 到达坐标 Z100.？

3）如何编程使刀具 T01 到达坐标 Z5.？

4）如果刀具 T01 执行程序"G90　G54　G00　Z5.；"后 Z 轴坐标的实际位置为多少，为什么？

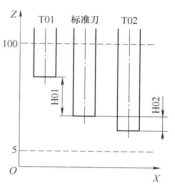

图 3-17　长度补偿应用

5）如果刀具 T01 执行程序"G90　G54　G44　G00　Z5.　H01；"后 Z 轴坐标的实际位置为多少，为什么？

解：1）G90　G54　G43　G00　Z100.　H01；

2）G90　G54　G43　G00　Z100.　H02；

3）G90　G54　G43　G00　Z5.　H01；

4）Z35；因为 T01 比标准刀具短 30mm。

5）Z65；因为补偿方向反了。

3.2　坐标变换功能指令

3.2.1　比例缩放功能指令

比例缩放是在数控铣（加工中心）加工中，对某一加工图形轮廓按指定的比例进行缩放的一种简化编程指令。

1. 编程格式

1）编程格式一：G51　X __　Y __　Z __　P __；

　　　　　　　　　M98　P __；

　　　　　　　　　G50；

式中　G51——建立缩放；

　　　　G50——取消缩放；

M98　P ＿＿ —— 一般为了简化编程，把需要比例缩放的程序体编写为子程序，进行调用。但
　　　　　　　　也可以将需要比例缩放的程序体直接写在 G51 与 G50 程序段之间；

　X、Y、Z——指定比例缩放中心的坐标。如果同时省略了 X、Y、Z，则 G51 默认刀具的当
　　　　　　　前位置作为缩放中心；

　　　　　　P——缩放的比例系数。该值规定不能用小数表示。例如，P1500 表示缩放比例为
　　　　　　　　1. 5 倍。

　　　例如，程序"G51　X20.　Y30.　P2000；"表示以点（20，30）为缩放中心，缩放比
例为 2 倍。

　　2）编程格式二：G51　X ＿＿　Y ＿＿　Z ＿＿　I ＿＿　J ＿＿　K ＿＿；
　　　　　　　　　　　M98　P ＿＿；
　　　　　　　　　　　G50；

式中　I、J、K——不同坐标方向上的缩放比例，该值用带小数点数值指定。

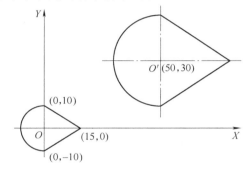

　　　例如，程序"G51　X20.　Y30.　Z0.
I1. 5　J2. 5；"表示以坐标点（20，30，0）为
缩放中心，在 X 轴方向上的缩放比例为 1. 5
倍，在 Y 轴方向上的缩放比例为 2. 5 倍，在
Z 轴方向上保持原比例不变。

　　2. 应用举例

　　【例 3-10】　精加工如图 3-18 所示的两个
凸台，大凸台的缩放比例为 2 倍。已知刀具
为 ϕ6mm 的立铣刀，凸台高度为 2mm，工件
材料为石蜡。

图 3-18　等比例缩放举例

　　解：

加工程序见表 3-4。

表 3-4　等比例缩放举例程序

程　　　序		注　　　释
O2000		主程序名
N10	G90　G54　G00　Z100.；	调用 G54 坐标系，刀具定位 Z 轴正方向 100mm
N20	M03　S800；	
N30	M98　P2001；	调用子程序，加工小凸台
N40	G51　X50.　Y30.　P2000；	建立比例缩放，缩放中心为（50，30），缩放比例为 2 倍
N50	M98　P2001；	调用缩放程序体（子程序），加工大凸台
N60	G50；	取消缩放
N70	Z100.；	抬刀
N80	M05；	主轴停止
N90	M30；	程序结束

（续）

程　序		注　释
O2001		子程序名
N2	X20.　Y - 10. ;	定位至起点
N4	G01　Z - 2.　F200 ;	下刀至底面
N6	G41　X0.　Y - 10.　D01 ;	刀具半径左补偿, 到轮廓基点
N8	G02　X0.　Y10.　R10. ;	顺时针圆弧插补
N10	G01　X15.　Y0. ;	直线插补
N12	X0.　Y - 10. ;	直线插补
N14	Z10. ;	抬刀
N16	G40　G00　X20.　Y - 10. ;	取消刀补, 回到起点
N18	M99 ;	子程序结束返回

【例 3-11】　如图 3-19 所示, 参照凸台外轮廓轨迹 *ABCD*, 以（ - 40, - 20）为缩放中心在 *XY* 平面内进行不等比例缩放, *X* 方向的缩放比例为 1.5 倍, *Y* 方向的缩放比例为 2 倍。试加工出轮廓 *A′B′C′D′* 凸台。已知刀具为 ϕ6mm 的立铣刀, 凸台高度为 2mm, 工件材料为石蜡。

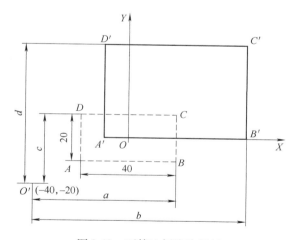

图 3-19　不等比例缩放举例

解:

（1）缩放比例分析　比例缩放功能实质上就是系统自动将图形轮廓的各个点到缩放中心的距离, 按各坐标轴方向上的比例, 得到新的点后, 执行插补。以 *C* 点为例, *X* 轴方向缩放比例为 $b/a = 1.5$, *Y* 轴方向缩放比例为 $d/c = 2$, 则 $b = 90$, $d = 60$, 得到 *C′* 的坐标为（50, 40）。

（2）加工程序见表 3-5

表 3-5　不等比例缩放举例程序

程　　　序		注　　　释
	O3000	主程序名
N10	G90　G54　G00　Z100. ;	调用 G54 坐标系, 刀具定位 Z 轴正方向 100mm
N20	M03　S800 ;	
N30	X50.　Y－50.　Z20. ;	定位至起始点上方
N40	G01　Z－2.　F200 ;	下刀至底面
N50	G51　X－40.　Y－20.　I1. 5　J2. ;	建立比例缩放, 缩放中心为 (－40, －20), 不等比例缩放
N60	G42　G01　X20.　Y－10.　D01 ;	以原轮廓轨迹进行编程, 起点→B 点, 加刀补
N70	Y10. ;	B→C
N80	X－20. ;	C→D
N90	Y－10. ;	D→A
N100	X20. ;	A→B
N110	G40　X50.　Y－50. ;	取消刀补, B→起点
N120	G50 ;	取消缩放
NN130	M05 ;	主轴停止
NN140	M30 ;	程序结束

3. 比例缩放编程注意事项

1) 比例缩放中的刀具补偿。在编写比例缩放程序时, 要特别注意建立刀补程序段的位置。通常, 刀补程序段应写在缩放程序体以内。

2) 比例缩放中的圆弧插补。在比例缩放中进行圆弧插补时, 如果进行等比例缩放, 则圆弧半径也相应缩放比例; 如果指定不同的缩放比例, 则刀具不会走出相应的椭圆轨迹, 仍将进行圆弧插补, 圆弧的半径根据 I、J 中的较大值进行缩放。

3) 如果程序中将比例缩放程序段简写成 "G51;", 其他参数均省略, 则表示缩放比例由机床系统参数决定, 缩放中心则为刀具刀位点的当前位置。

4) 比例缩放对工件坐标系零点偏置值和刀具补偿值无效。

5) 在缩放有效状态下, 不能指定返回参考点的 G 指令 (G27～G30), 也不能指定坐标系设定指令 (G52～G59, G92)。若要指定, 应在取消缩放功能后指定。

3. 2. 2　镜像功能指令

使用镜像指令编程可以实现相对某一坐标轴或某一坐标点的对称加工。

1. 编程格式

G17　G51. 1　X ＿＿　Y ＿＿ ;

…

G50. 1 ;

2. 说明

X、Y 值用于指定对称轴或对称点。当 G51. 1 指令后有一个坐标字时, 该镜像方式是指以某一坐标轴为镜像轴进行镜像。例如, "G51. 1　X10. 0;" 是指该镜像轴与 Y 轴平行, 且在 X 轴 10mm 处相交。当 G51. 1 指令后有两个坐标字时, 该镜像方式是指以某一坐标点为对称点进行镜像。G50. 1 为取消镜像命令。

3. 镜像功能应用举例

【**例3-12**】　编写加工图 3-20 所示凸台外轮廓的程序，已知凸台高度 2mm，刀具为 φ10mm 立铣刀。

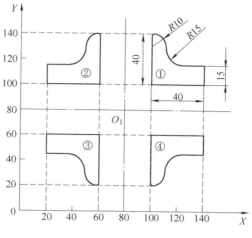

图 3-20　镜像功能举例

解：

（1）工艺分析　先加工图形①，O_1 点为起始点，并选择零件轮廓延长线上的点作为切入、切出点，加刀具半径补偿。为简化编程，将图形①的加工程序体编写为子程序。

（2）加工程序的编制（表 3-6）

表 3-6　镜像举例程序

程　序		注　释
	O3000	主程序名
N10	G90　G54　G00　Z100.；	调用 G54 坐标系，刀具定位 Z 轴正方向100mm
N20	M03 S800；	
N30	X80. Y80. Z20.；	移动至 O_1 点上方
N40	G01　Z－2.　F200；	下刀
N50	M98　P3001；	加工图形①
N60	G51.1　X80.；	以 X80 为轴打开镜像
N70	M98　P3001；	加工图形②
N80	G50.1；	取消镜像
N90	G51.1　X80.　Y80.；	以点（80，80）为对称中心打开镜像
N100	M98　P3001；	加工图形③
N110	G50.1；	取消镜像
N120	G51.1　Y80.；	以 Y80 为轴打开镜像
N130	M98　P3001；	加工图形④
N140	G50.1；	取消镜像
N150	G00　Z100.；	抬刀
N160	M05；	主轴停止
N170	M30；	程序结束

（续）

程　　序			注　　释
	O3001		子程序名
N2	G41　X100.　Y90.　D01；		建立刀补，移至切入点
N4	Y140.；		
N6	G02　X110.　Y130.　R10.；		
N8	G03　X125.　Y115.　R15.；		
N10	G01　X140.；		
N12	Y100.；		
N14	X90.；		
N16	G40　X80.　Y80.；		取消刀补，回到（80，80）
N18	M99；		子程序结束返回

4. 镜像功能应用注意事项

1）在指定平面内执行镜像指令时，如果程序中有圆弧指令，则圆弧的旋转方向相反，即 G02 变为 G03，而 G03 变为 G02。

2）在指定平面内执行镜像指令时，如果程序中有刀具半径补偿指令，则刀具半径补偿的偏置方向相反，即 G41 变为 G42，而 G42 变为 G41。

3）在指定平面内镜像指令有效时，返回参考点指令（G27～G30）和改变坐标系指令（G54～G59，G92）不能指定。若需要指定，必须在取消镜像后指定。

4）数控镗铣床 Z 轴安装有刀具，故 Z 轴一般都不进行镜像。

3.2.3　旋转功能指令

旋转功能指令可使编程图形轮廓以指定旋转中心及旋转方向旋转一定的角度。

1. 编程格式

G17　G68　X ＿＿　Y ＿＿　R ＿＿；

…

G69；

2. 说明

G68 表示打开坐标系旋转，G69 表示撤销旋转功能。X、Y 用于指定坐标系旋转中心。R 用于指定坐标系旋转角度，该角度一般取 0°～360°，旋转角 0°边为第一坐标系的正方向，逆时针方向的旋转角度为正值。角度用十进制数表示，可以带小数，例如 20°30′用 20.5 表示。

3. 旋转功能应用举例

【例 3-13】　如图 3-21 所示，试编程加工 5 个曲线轮廓凸台，已知凸台高度为 2mm，刀具为 φ10mm 立铣刀。

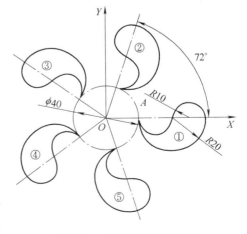

图 3-21　旋转功能应用举例

解：

（1）工艺分析 将图形①的加工程序编写为子程序。选公切线上点 A（20，10）为切入、切出点。

（2）加工程序的编写（表3-7）

表 3-7 旋转举例程序

程 序		注　　释
O4000		主程序名
N10	G90 G54 G00 Z100. ;	调用 G54 坐标系，刀具定位 Z 轴正方向 100mm
N20	M03 S800 ;	
N30	X0 Y0 Z20. ;	移动至 O 点上方
N40	G01 Z - 2.0 F200 ;	下刀
N50	M98 P4001 ;	加工图形①
N60	G68 X0. Y0. R72. ;	以 O 为旋转中心，旋转角为72°
N70	M98 P4001 ;	加工图形②
N80	G69 ;	取消坐标旋转功能
N90	G68 X0. Y0. R144. ;	以 O 为旋转中心，旋转角为144°
N100	M98 P4001 ;	加工图形③
N110	G69 ;	取消坐标旋转功能
N120	G68 X0. Y0. R216. ;	以 O 为旋转中心，旋转角为216°
N130	M98 P4001 ;	加工图形④
N140	G69 ;	取消坐标旋转功能
N150	G68 X0. Y0. R288. ;	以 O 为旋转中心，旋转角为288°
N160	M98 P4001 ;	加工图形⑤
N170	G69 ;	取消坐标旋转功能
N180	G00 Z100. ;	抬刀
N190	M05 ;	主轴停止
N200	M30 ;	程序结束
O4001		子程序名
N2	G42 X20. Y10. D01 ;	建立刀补，移至切入点
N4	Y0. ;	
N6	G03 X60. Y0. R20. ;	
N8	G03 X40. Y0. R10. ;	
N10	G02 X20. Y0. R10. ;	
N12	G01 Y10. ;	
N14	G40 X0. Y0. ;	取消刀补，回到 O（0，0）
N16	M99 ;	子程序结束返回

4. 坐标旋转功能应用注意事项

1）在坐标系旋转取消指令（G69）后的第一个移动指令必须用绝对值指定。如果采用增量值指定，则不能执行正确的移动。

2）在坐标系旋转编程过程中，若需采用刀具补偿指令编程，则需在指定坐标旋转指令后再加刀具补偿，而在取消坐标旋转之前要取消刀具补偿。

3）在指定平面内旋转指令有效时，返回参考点指令（G27～G30）和改变坐标系指令（G54～G59，G92）不能指定。若需要指定，必须在取消旋转后指定。

3.2.4 极坐标

在某个平面中，一个点的位置不仅可以用直角坐标系来描述，也可以用极坐标系来描述。如图 3-22 所示，A 点和 B 点的位置可以用极坐标半径（极径）和极坐标角度（极角）来表示。即 A（30，0），B（30，50）。这里 X 坐标轴称为极坐标轴（极轴），O 称为极坐标原点（极点）。

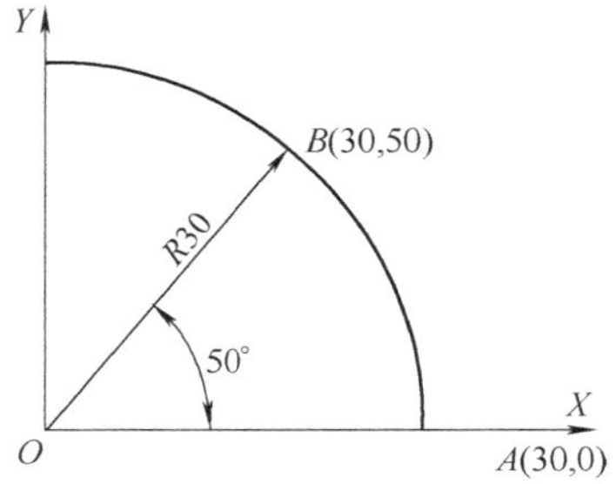

1. 极坐标编程格式

G17　G16；

…

G15；

2. 说明

1）G16 表示在指定平面内使用极坐标编程，则在 G16 后的坐标字中，第一坐标值表示极径，第二坐标值表示极角。G15 表示取消极坐标而回到直角坐标编程方式。

图 3-22　极坐标系中的点

2）极点的指定方式有两种。当用绝对值指令指定时，例如"G90　G17　G16；"则表示极点为工件坐标系原点 O。当用增量值指定时，例如："G91　G17　G16；"则表示以刀具当前刀位点作为极点。

3. 极坐标指令应用举例

【例 3-14】 如图 3-23 所示，试编程加工 4 个凸台外轮廓，已知刀具为 φ10mm 立铣刀，凸台高度为 2mm。

解：

（1）工艺分析 将凸台①的加工程序体编写为子程序，多次调用以简化编程。凸台①的加工轨迹如图 3-23 所示。显然采用极坐标编程比较简单，设 1 点、2 点分别为切入点和切出点，基点坐标分别为 1（20，0）、a（20，20）、b（20，70）、c（40，70）、d（40，20）、2（10，20）。

（2）编写加工程序（表 3-8）

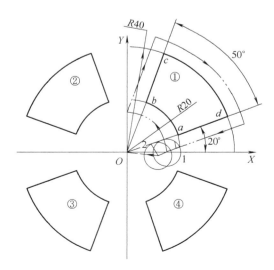

图 3-23　极坐标编程举例

表 3-8　极坐标举例程序

程　序		注　释
O5000		主程序名
N10	G90　G17　G54　G00　Z100.;	调用 G54 直角坐标系，刀具定位 Z 轴正向 100mm
N20	M03　S800;	
N30	X0.　Y0.　Z20.;	移动至 O 点上方
N40	G01　Z - 2.　F200;	下刀
N50	M98　P5001;	加工凸台①
N60	G68　X0.　Y0.　R90.;	以 O 为旋转中心，打开旋转，旋转角为 90°
N70	M98　P5001;	加工凸台②
N80	G69;	取消坐标旋转功能
N90	G68　X0.　Y0.　R180.;	以 O 为旋转中心，打开旋转，旋转角为 180°
N100	M98　P5001;	加工凸台③
N110	G69;	取消坐标旋转功能
N120	G68　X0.　Y0.　R270;	以 O 为旋转中心，打开旋转，旋转角为 270°
N130	M98　P5001;	加工凸台④
N140	G69;	取消坐标旋转功能
N150	G00　Z100.;	抬刀
N160	M05;	主轴停止
N170	M30;	程序结束
O5001		子程序名
N2	G16;	极坐标生效
N4	G41　X20.　Y0.　D01;	建立刀补，移至切入点 1
N6	G03　X20.　Y70.　R20.;	逆时针圆弧插补，加工圆弧 ab，$1 \to b$
N8	G01　X40.　Y70.;	直线插补，加工线段 bc
N10	G02　X40.　Y20.　R40.;	顺时针圆弧插补，加工圆弧 cd
N12	G01　X10.　Y20.;	直线插补，加工线段 da，到达切出点 2
N14	G15;	取消极坐标
N16	G40　X0.　Y0.;	取消刀补，回到 O (0, 0)
N18	M99;	子程序结束返回

4. 极坐标编程注意事项

1) 如果对极坐标的增量方式没有深刻理解，那么在实际编程中应尽量避免以刀具当前点作为极坐标原点。

2) 极坐标仅适用于指定平面。例如，对于 G17 平面，仅在 XY 平面内使用极坐标，而 Z 坐标仍使用直角坐标进行编程。

3) 采用极坐标进行编程时，所有指令的模态方式不变。

3.3　平面轮廓加工应用实例

项目一　平面外轮廓的加工实例

对图 3-24 所示零件，试编写其凸台轮廓的加工程序。已知零件毛坯为 80mm × 80mm × 30mm 的硬铝板，且毛坯各个表面已经加工完成，刀具为 φ10mm 的高速钢立铣刀。

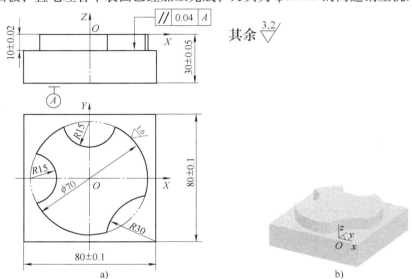

图 3-24　平面轮廓加工

a）零件图　b）三维效果图

1. 加工工艺分析

1）工件采用机床用平口虎钳装夹，其下表面用垫铁支承，用百分表找正。

2）零件凸台轮廓侧面及底面均有较高的表面粗糙度要求。因此，选择粗铣、精铣来达到技术要求。此凸台形状可以看成是在圆形凸台上切去三个弧形缺口而形成，因此，可以分成三个工序来完成，即首先粗铣、精铣 φ70mm 的圆柱凸台，其次，铣削两个 R15mm 的圆弧缺口，最后加工 R30mm 的圆弧缺口。刀具轨迹路线如图 3-25、图 3-26 所示。

3）起点、切入点及切出点的坐标分别为 A（0，－70）、B（60，－35）、C（－60，－35）、A_1（0，50）、B_1（－15，35）、C_1（15，35）、A_2（50，－50）、B_2（40，－10）、C_2（10，－40）。刀具半径补偿值：铣削 φ70mm 凸台分 4 刀，D01 = 19.5mm、D02 = 12mm、D03 = 5.5mm、D04 = 5mm；铣削 R15mm 缺口分 3 刀，D11 = 12mm、D12 = 5.5mm、D13 = 5mm；铣削 R30mm 缺口分 3 刀，D21 = 7mm、D22 = 5.5mm、D23 = 5mm、（注：精加工余量取 0.5mm）。

4）Z 向分层切削。切削深度分别为 4mm、3mm、2.5mm、0.5mm。

5）选择切削用量。粗加工主轴转速为 800r/min；精加工时为 1200 r/min。粗加工进给速度为 200mm/min，精加工时为 120mm/min（实际主轴转速、进给速度可以根据加工情况，通过操作面板上倍率开关调节）。

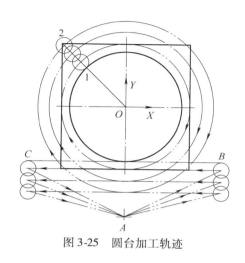

图 3-25　圆台加工轨迹

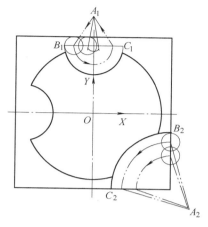

图 3-26　圆弧缺口加工轨迹

2. 加工程序的编制（表 3-9）

表 3-9　圆台举例程序

程　序		注　释
	O0010	主程序名
N10	G90　G17　G54　G00　Z100. ;	调用 G54 直角坐标系，刀具定位 Z 轴正方向 100mm
N20	M03　S800;	
N30	X0　Y − 70. ;	移动至 A 点上方，加工 φ70mm 的圆台
N40	G01　Z − 4.　F200;	下刀
N50	M98　P0011;	第 1 层铣削
N60	Z − 7.　S800　F200;	下刀
N70	M98　P0011;	第 2 层铣削
N80	Z − 9. 5　S800　F200;	下刀
N90	M98　P0011;	第 3 层铣削
N100	Z − 10.　S800　F200;	下刀
N110	M98　P0011;	第 4 层铣削
N160	Z20. ;	抬刀
N170	G00　X0.　Y50. ;	移动至 A₁ 点上方，加工 R15mm 的圆弧缺口
N180	G01　Z − 4.　F200;	下刀
N190	M98　P0021;	第 1 层铣削
N200	Z − 7.　S800　F200;	下刀
N210	M98　P0021;	第 2 层铣削
N220	Z − 9. 5　S800　F200;	下刀

（续）

程　　序		注　　释
O0010		主程序名
N230	M98　P0021；	第 3 层铣削
N240	Z - 10.　S800　F200；	下刀
N250	M98　P0021；	第 4 层铣削
N260	Z20.；	抬刀
N270	G00　X - 50.　Y0.；	定位，加工第 2 个 $R15$mm 的圆弧缺口
N280	G01　Z - 4.　F200；	下刀
N290	G68　X0.　Y0.　R90.；	坐标系旋转 90°
N300	M98　P0021；	第 1 层铣削
N310	Z - 7.　S800　F200；	下刀
N320	M98　P0021；	第 2 层铣削
N330	Z - 9.5　S800　F200；	下刀
N340	M98　P0021；	第 3 层铣削
N350	Z - 10.　S800　F200；	下刀
N360	M98　P0021；	第 4 层铣削
N370	G69；	取消旋转
N380	Z20.；	抬刀
N390	G00　X50.　Y - 50.；	移动至 A_2 点上方，加工 $R30$mm 的圆弧缺口
N400	G01　Z - 4.　F200；	下刀
N410	M98　P0031；	第 1 层铣削
N420	Z - 7.　S800　F200；	下刀
N430	M98　P0031；	第 2 层铣削
N440	Z - 9.5　S800　F200；	下刀
N450	M98　P0031；	第 3 层铣削
N460	Z - 10.　S800　F200；	下刀
N470	M98　P0031；	第 4 层铣削
N480	Z100.；	抬刀
N490	M05；	
N500	M30；	
O0011		子程序名
N2	G41　X60.　Y - 35.　D01；	$A{\to}B$，建立刀具半径补偿，第 1 次粗铣
N4	G01　X0.　Y - 35.；	直线切入
N6	G02　I0.　J35.；	顺时针圆弧插补，加工整圆
N8	G01　X - 60.　Y - 35.；	直线插补至切出点 C

（续）

程　　序		注　　释
	O0011	子程序名
N10	G40　X0.　Y − 70. ;	$C \to A$，取消刀补
N12	G41　X60.　Y − 35. D02;	第 2 次粗铣，建立刀补，$A \to B$
N14	X0. ;	直线切入
N16	G02　I0.　J35. ;	顺时针圆弧插补，加工整圆
N18	G01　X − 60.　Y − 35. ;	直线插补至切出点 C
N20	G40　X0.　Y − 70. ;	$C \to A$，取消刀补
N22	G41　X60.　Y − 35. D03;	第 3 次粗铣，加刀补，$A \to B$
N24	X0. ;	直线切入
N26	G02　I0.　J35. ;	顺时针圆弧插补，加工整圆
N28	G01　X − 60.　Y − 35. ;	直线插补至切出点 C
N30	G40　X0.　Y − 70. ;	$C \to A$，取消刀补
N32	G41　X60.　Y − 35. D04　S1200;	精铣，加刀补，$A \to B$
N34	X0　F120. ;	直线切入
N36	G02　I0.　J35. ;	顺时针圆弧插补，加工整圆
N38	G01　X − 60.　Y − 35. ;	直线插补至切出点 C
N40	G40　X0.　Y − 70. ;	$C \to A$，取消刀补
N42	M99;	子程序结束返回
	O0021	子程序名
N2	G41　X − 15.　Y35.　D11;	$A_1 \to B_1$，建立刀具半径补偿，第 1 次粗铣
N6	G03　X15.　Y35.　R15. ;	逆时针圆弧插补，加工至 C_1
N8	G40　G01　X0.　Y50. ;	$C_1 \to A_1$，取消刀补
N10	G41　X − 15.　Y35　D12;	$A_1 \to B_1$，建立刀具半径补偿，第 2 次粗铣
N12	G03　X15.　Y35.　R15. ;	逆时针圆弧插补，加工至 C_1
N14	G40　G01　X0.　Y50. ;	$C_1 \to A_1$，取消刀补
N16	G41　X − 15.　Y35.　D13;	$A_1 \to B_1$，建立刀具半径补偿，第 3 次粗铣
N18	G03　X15.　Y35.　R15. ;	逆时针圆弧插补，加工至 C_1
N20	G40　G01　X0.　Y50. ;	$C_1 \to A_1$，取消刀补
N22	M99;	子程序结束返回
	O0031	子程序名
N2	G41　X40.　Y10.　D21;	$A_2 \to B_2$，建立刀具半径补偿，第 1 次粗铣
N4	G03　X10.　Y − 40.　R30. ;	逆时针圆弧插补，加工至 C_2
N6	G40　G01　X50.　Y − 50. ;	$C_2 \to A_2$，取消刀补
N8	G41　X40.　Y10.　D22;	$A_2 \to B_2$，建立刀具半径补偿，第 2 次粗铣

（续）

程　　　序		注　　　释
	O0031	子程序名
N10	G03　X10.　Y－40.　R30.；	逆时针圆弧插补，加工至 C_2
N12	G40　G01　X50.　Y－50.；	$C_2 \rightarrow A_2$，取消刀补
N14	G41　X40.　Y10.　D23；	$A_2 \rightarrow B_2$，建立刀具半径补偿，第3次粗铣
N16	G03　X10.　Y－40.　R30.；	逆时针圆弧插补，加工至 C_2
N18	G40　G01　X50.　Y－50.；	$C_2 \rightarrow A_2$，取消刀补
N20	M99；	子程序结束返回

项目二　平面内轮廓的加工实例

加工如图 3-27 所示的拱形型腔，试编写加工程序。已知零件毛坯为 90mm × 60mm × 15mm 硬铝板，且已加工到尺寸要求。

1. 相关知识

（1）刀具的选择　内腔加工时，刀具直径应不大于内腔最小曲率半径，否则会因少切而出现残留余量。但是，刀具直径若太小，切削效率就会降低。所以，可以使用多把刀具，大直径刀具完成粗加工，小直径刀具完成精加工。

（2）刀具半径补偿　与加工平面外轮廓一样，为了简化编程，去除余量，实现轮廓的粗、精加工，也常采用刀具半径补偿功能。但要注意：当刀具补偿值大于零件内腔圆角半径时（图 3-28 中，$R'' > R$），一般的数控系统会报警显示出错。解决的办法是粗加工时忽略轮廓内圆角，按直角（或尖角）编程加

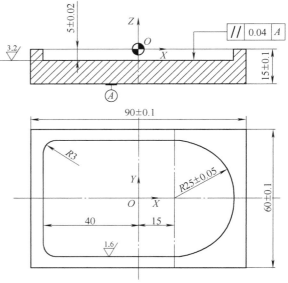

图 3-27　平面内轮廓加工

工。精加工时选择刀具半径 $r \leqslant R$（型腔内圆角半径），按刀具实际半径值补偿，完成加工。

（3）下刀　加工凹槽、型腔时通常使用键槽刀、立铣刀或面铣刀等，这些刀具除键槽刀外，刀具底面中心处都没有切削刃。所以，不能垂直下刀，否则将会折断刀具。通常的解决办法是预先加工（如钻）下刀孔，或采用螺旋线、斜线下刀方式。

2. 工艺分析

1）工件采用机床用平口虎钳装夹，其下表面用垫铁支承，用百分表找正。工件坐标系的建立如图 3-27 所示。

2）由于型腔内角半径 R3mm 比较小，而型腔底面积较大，为提高切削效率，故选两把刀具，分别为 φ12mm、φ4mm 立铣刀，分粗加工、精加工两道工序完成。Z 向深度采用分3层加工，背吃刀量分别为 3mm、1.5mm、0.5mm。

3）粗加工轨迹如图 3-29 所示。内角按直角编程加工，采用 $\phi12\,mm$ 立铣刀，螺旋线方式下刀，螺旋线中心选择为 O_1，旋转半径为 5mm。粗加工 3 刀完成，刀具半径补偿值为 D01 = 21mm、D02 = 13mm、D03 = 6.5mm，留精加工余量为 0.5mm。各个基点坐标为 O_1（15，0）、1（15，25）、2（−40，25）、3（−40，−25）、4（15，−25）。

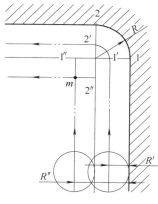

图 3-28　刀具半径补偿出错

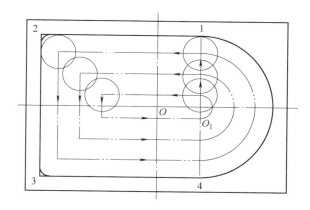

图 3-29　粗加工轨迹路线

4）精加工轨迹如图 3-30 所示。选择 O_1 为起点，切入点 a（27，13）、切出点 b（3，13），圆弧 ab 的半径为 12mm；各个基点的坐标为 1（15，25）、2（−37，25）、3（−40，−22）、4（−40，−22）、5（−37，−25）、6（15，−25）。刀具半径补偿值为 D04 = 2mm。

5）切削用量选择。粗加工主轴转速为 1000r/min；精加工时为 1500 r/min。粗加工进给速度为 200mm/min，精加工时为 150mm/min（实际主轴转速、进给速度可以根据加工情况，通过操作面板上倍率开关调节）。

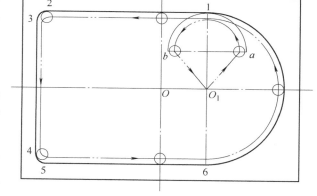

图 3-30　精加工轨迹路线

6）本例选用立式加工中心加工，以说明加工中心自动换刀功能的应用，设刀具 T01 为 $\phi12\,mm$ 立铣刀，长度补偿值为 H01，T02 为 $\phi4\,mm$ 立铣刀，长度补偿值为 H02。

3. 加工程序的编制（立式加工中心，表 3-10）

表 3-10　平面内轮廓加工程序

程　　序		注　　释
O50		主程序名
N10	G90　G40　G49　G80　G17；	初始化
N20	T01；	选 1 号刀
N30	M06；	装 1 号刀

（续）

程　　序		注　　释
O50		主程序名
N40	G54　G43　G00　Z100.　H01；	调用 G54 直角坐标系，刀具定位 Z 轴正方向 100mm，加刀具长度补偿
N50	M03　S1000　T02；	主轴正转，转速为 1000r/min，选 2 号刀备用
N60	X20.　Y0.　Z20.；	移动至螺旋线起点上方
N70	G01　Z0.　F100；	下刀至工件表面
N80	G03　Z−4.5　I−5.　J0.；	螺旋线下刀值 Z 轴负方向 4.5mm，留 0.5mm 精加工余量
N90	G03　I−5.　J0.；	铣平下刀孔底面，下刀孔直径为 ϕ22mm
N100	Z−3.；	抬刀至第 1 层铣削深度，粗加工
N110	G41　X15.　Y25.　D01；	→1，建立刀具半径补偿
N120	M98　P1；	第 1 层铣削
N130	Z−4.5.；	下刀至第 2 层铣削深度
N140	G41　X15.　Y25.　D02；	→1，建立刀具半径补偿
N160	M98　P1；	第 2 层铣削
N170	Z−5.；	下刀至第 3 层铣削深度，底面精加工
N180	G41　X15.　Y25.　D01；	→1，建立刀具半径补偿
N190	M98　P1；	第 3 层铣削
N200	G00　Z100.　G49；	抬刀至 Z 轴正方向 100mm，取消刀具长度补偿
N210	G28；	回参考点
N220	M06；	交换，安装 2 号刀具
N230	G00　G43　X15.　Y0.　Z20.　H02；	移动至 O_1 点上方，加刀具长度补偿
N260	Z−5.；	下刀至 Z 轴负方向 5mm
N270	M98　P2；	第 2 层精铣内腔
N280	G00　G49　Z100.；	抬刀并取消刀具长度补偿
N290	M05；	
N300	M30；	
O1		子程序名
N4	G01　X−40.；	1→2
N6	Y−25.；	2→3
N8	X15.；	3→4
N10	G03　X15.　Y25.　R25；	4→1
N12	G40　Y0.；	1→O_1，取消刀具半径补偿
N14	M99；	
O2		子程序名
N2	G41　X27.　Y13.　D04；	O_1→a，建立刀具半径补偿

（续）

程　序	注　释
O2	子程序名
N6　G03　X15.　Y25.　R12.；	$a\to1$
N8　G01　X－37.；	$1\to2$
N10　G03　X－40.　Y22.　R3.；	$2\to3$
N12　G01　Y－22.；	$3\to4$
N14　G03　X－37.　Y－25.；	$4\to5$
N16　G01　X15.；	$5\to6$
N18　G03　X15.　Y25.　R25.；	$6\to1$
N20　　　X3.　Y13.　R12.；	$1\to b$
N22　G01　G40　X15.　Y0.；	$b\to O_1$，取消刀补
N24　M99；	子程序结束返回

项目三　凹槽的加工实例

如图 3-31 所示，零件上有 3 条 $R25\text{mm}$ 圆弧槽和 1 条 $\phi88\text{mm}$ 的圆环槽，试按照尺寸和技术要求编制加工程序。已知零件毛坯尺寸 $80\text{mm}\times80\text{mm}\times20\text{mm}$，材料为硬铝。

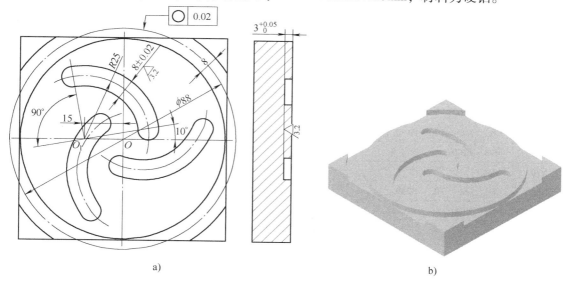

图 3-31　凹槽的加工举例

a）零件图　b）三维效果图

1. 工艺分析

1）工件采用机床用平口虎钳装夹，其下表面用垫铁支承，用百分表找正。工件坐标系原点设置为工件对称中心及工件上表面 O 点处。

2）零件的 3 条 $R25\text{mm}$ 的圆弧槽有较高的槽宽、槽深尺寸精度和表面粗糙度要求。因此，选择粗铣、精铣来达到技术要求。刀具选择为 $\phi6\text{mm}$ 的键槽铣刀，通过改变刀具半径补偿值来实现粗、精加工。这3条槽实际上是将一个槽，以原点 O 为中心，旋转阵列均布得到。所以，只需要编写出一个槽的加工程序，并作为子程序3次调用，使用坐标系旋转功能，便可以完成3个槽的加工。为了使基点坐标计算简单、精准，宜采用极坐标编程，O_1 为极点，需要设立局部坐标系。各个基点坐标为 1（29，10）、2（29，100）、3（21，100）、4（21，10）。由于槽宽尺寸小，采用法向切入，加工轨迹如图 3-32 所示。粗加工 D01 = 3.5mm，精加工 D02 = 3mm。

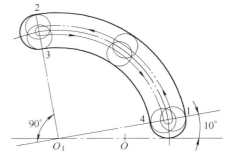

3）对 $\phi88mm$ 的圆槽没有尺寸精度和表面粗糙度要求，但有较高的形状精度要求，即中心线圆度公差要求为 0.02mm。由于此槽不封闭处刀具侧刃受背向力不对称，刀具易产生弯曲而影响形状精度。因此，可以选用 $\phi8mm$ 的立铣刀，直接保证槽宽。采用螺旋线逐层向下铣削，刀具每转一圈 Z 向下刀 1mm，

图 3-32　$R25mm$ 圆弧槽加工轨迹示意

这样既减小了刀具的背吃刀量，也减少了刀具侧刃的背向力，使圆槽的圆度公差得到保证。

2. 加工程序的编制（使用立式铣床）

（1）加工 $R25mm$ 圆弧槽的程序（表 3-11）

表 3-11　凹槽加工举例程序一

程　　序					注　　释
O123					主程序名
N10	G90　G17　G54　G00　Z100.；				初始化，调用 G54 坐标系，快速定位 Z 轴正方向 100mm
N20	M03　S1500；				
N30	X0.　Y0.　Z20.；				下刀至 O 点 Z 轴正方向 20mm 处
N40	M98　P100；				加工圆弧槽 1
N50	G68　X0.　Y0.　R120.；				坐标系旋转 120°
N60	M98　P100；				加工圆弧槽 2
N70	G69；				取消坐标旋转
N80	G68　X0.　Y0.　R240.；				坐标系旋转 240°
N90	M98　P100；				加工圆弧槽 3
N100	G69；				取消坐标旋转
N110	G00　Z100.；				
N120	M05；				
N130	M30；				
O100					子程序名
N4	G52　X - 15.　Y0.　Z0.；				建立局部坐标系，原点为 O_1
N6	G16；				极坐标编程
N8	G41　X29.　Y10.　D01；				$O \rightarrow 1$，加刀具半径补偿
N10	G01　Z0　F100；				垂直下刀至 Z0
N12	G03　X29.　Y100.　Z - 2.5　R29.；				1→2，螺旋线下刀至 Z - 2.5
N14	G03　X21.　Y100.　I - 4.　J0.；				2→3

（续）

程　序		注　释
O100		子程序名
N16	G02　X21.　Y10.　R21.；	3→4
N18	G03　X29.　Y10.　R4.；	4→1
N19	G03　X29.　Y100.　R29.；	
N20	G01　Z5.；	抬刀
N22	G00　G40　X25.　Y10.；	Z→O_1，取消刀补
N24	G41　X29.　Y10.　D02；	O→1，加刀具半径补偿
N25	G01　Z0.；	
N26	G03　X29.　Y100.　Z－3.　R29.；	1→2，螺旋下刀至 2－3
N28	G03　X21.　Y100.　I－4.　J0.；	2→3
N30	G02　X21.　Y10.　R21.；	3→4
N32	G03　X29.　Y10.　R4.；	4→1
N33	G03　X29.　Y100.　R29.；	
N34	G00　Z20.；	快速抬刀至 Z 轴正方向 20mm
N36	G40　X0.　Y0.；	1→O_1，取消刀具半径补偿
N38	G15；	取消极坐标，直角坐标编程
N40	G52　X0.　Y0.　Z0.；	取消局部坐标系，启用 G54 坐标
N42	M99；	子程序结束返回

（2）加工 $\phi88mm$ 圆环槽的程序（表 3-12）

表 3-12　凹槽加工举例程序二

程　序		注　释
O222		主程序名
N10	G90　G17　G54　G00　Z100.；	初始化，调用 G54 坐标系，快速定位 Z 轴正方向 100mm
N20	M03　S1500；	
N30	X44.　Y0.　Z20.；	至起点上方 Z 轴正方向 20mm 处
N40	G01　Z0.　F200；	下刀到工件上表面
N50	G03　I－44.　J0.　Z－1.；	逆时针螺旋线插补
N60	G03　I－44.　J0.　Z－2.；	
N70	G03　I－44.　J0.　Z－3.；	
N80	G03　I－44.　J0.；	再在 Z 轴负方向 3mm 处逆时针圆弧插补一圈，铣平底面
N90	G00　Z100.；	
N100	M05；	
N110	M30；	

3.4　孔加工循环指令

常用的孔加工固定循环指令有 13 个：G73、G74、G76、G80～G89。其中，G80 为取消固定循环指令，其余均为执行孔加工的不同操作指令。其指令通用格式为

G90 \ G91　G98 \ G99　G ＿＿　X ＿＿　Y ＿＿　Z ＿＿　R ＿＿　P ＿＿　Q ＿＿　L ＿＿　F ＿＿;

说明:

1) G90 \ G91 为坐标的输入方式, G90 为绝对坐标方式输入, G91 为增量坐标方式输入。

2) G98 \ G99 为孔加工完后, 自动退刀时的抬刀高度, G98 表示自动抬高至初始平面高度, 如图 3-33a 所示; G99 表示自动抬高至安全平面高度, 如图 3-33b 所示。

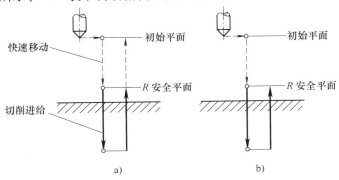

图 3-33　浅孔加工的动作循环
a) G98 方式　b) G99 方式

3) G ＿＿为 G73、G74、G76、G81 ~ G89 中的任一个代码。

4) X ＿＿　Y ＿＿是孔中心位置坐标。

5) Z ＿＿是孔底位置或孔的深度。采用 G91 增量编程时, 其值为相对 R 平面的增量。

6) R ＿＿是安全平面高度。采用 G91 增量编程时, 其值为相对初始平面的增量。

7) P ＿＿为刀具在孔底停留时间。用于 G76、G82、G88、G89 等固定循环指令中, 其余指令可略去此参数。例如, P1000 为 1s (秒)。

8) Q ＿＿为深孔加工 (G73、G83) 时, 每次下钻的进给深度; 或镗孔 (G76、G87) 时, 刀具的横向偏移量。Q 的值永远为正值。

9) L ＿＿为重复调用次数。L0 时, 只记忆加工参数, 不执行加工。只调用一次时, L1 可以省略。

10) F ＿＿为钻孔的进给速度。因 F 具有长效性, 若前面定义过的进给速度仍适合孔加工, F 不必重复给出。

3.4.1　钻孔加工循环指令

1. 浅孔加工指令

浅孔加工一般包括用中心钻打定位孔、用钻头打浅孔、用锪刀锪沉头孔等, 指令有 G81、G82 两个。

(1) 用于定位孔和一般浅孔加工 (G81)

编程格式: G81　X ＿＿　Y ＿＿　Z ＿＿　R ＿＿　F ＿＿;

加工过程如图 3-34 所示。刀具在当前初始平面高度快速定位至孔中心 (X ＿＿, Y ＿＿); 然后沿 Z 轴负向快速降至安全平面 R ＿＿的高度; 再以进给速度 F ＿＿下钻, 钻至孔深 Z ＿＿后,

快速沿 Z 轴的正向退刀。其中，虚线表示刀具快速移动，实线表示刀具以进给速度移动。

【例 3-15】　试编写如图 3-35 所示的 4 个 $\phi 10\text{mm}$ 浅孔的加工程序。工件坐标系原点定于工件上表面及 $\phi 56\text{mm}$ 孔中心线的交点处，选用 $\phi 10\text{mm}$ 的钻头，初始平面位置位于工件坐标系（0，0，50）处，R 平面距工件表面 3mm。

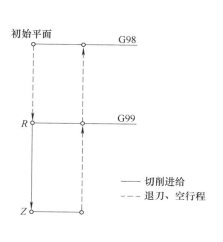

图 3-34　浅孔加工固定循环

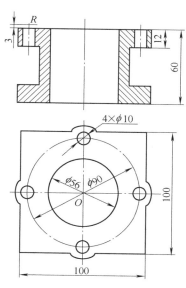

图 3-35　G81 浅孔加工应用

解：

加工程序见表 3-13。

表 3-13　浅孔加工应用程序

程　　序		注　　释
O1234		主程序名
N10	G90　G54　X0.　Y0.　Z100.；	绝对坐标编程，调用 G54 坐标系，快速点定位
N20	S500　M03　M08；	主轴正转，转速为 500r/min，切削液开
N30	G00　Z50.；	快速下刀
N40	G99　G81　X45.　Y0.　Z－14.　R3.F100；	钻孔循环，抬刀至安全高度
N50	X0　Y45.；	
N60	X－45.　Y0.；	
N70	G98　X0.　Y－45.；	
N80	G80　M09　Z100.；	取消钻孔循环，切削液关闭，抬刀至 Z100
N90	M05；	主轴停转
N100	M30；	程序结束

（2）用于锪孔（G82）　所用刀具为锪刀或锪钻，是一种专用刀具，用于对已加工的孔锪平端面或切出圆柱形或锥形沉头孔。

编程格式:G82　X__Y__　Z__　R__　P__　F__;

其加工过程与 G81 类似，唯一不同的是刀具在进给加工至深度 Z __后，暂停 P __ s（秒），然后再快速退刀。

【例 3-16】　如图 3-36 所示，工件上 ϕ5mm 的通孔已加工完毕，需用锪刀加工 4 个直径为 ϕ7mm、深度为 3mm 的沉孔，试编写加工程序。

解:

设工件坐标系原点在工件上表面的对称中心，锪刀的初始位置在（0，0，50）处，R 平面距孔口 3mm，加工程序见表 3-14。

2. 深孔加工指令

深孔加工固定循环指令有两个，即 G73 和 G83，分别为高速深孔加工和一般深孔加工。

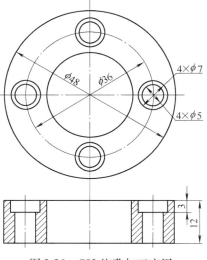

图 3-36　G82 锪孔加工应用

表 3-14　锪孔加工应用程序

程　　序		注　　释
O1111		主程序名
N10	G90　G54　G00　Z100.;	绝对坐标编程，调用 G54 坐标系，快速点定位
N20	M03　S500　M08;	主轴正转，转速 500r/min，冷却液开
N30	Z50.;	快速下刀
N40	G99　G82　X18.　Z－3.　R3.　P1000　F40;	孔底停留 1 秒，钻孔循环，抬刀至安全高度
N50	Y18.;	
N60	X－18.;	
N70	G98　Y－18.;	
N80	G80　M09　G00　Z200.;	取消钻孔循环，切削液关闭，抬刀至 Z200
N90	M05;	主轴停转
N100	M30;	程序结束

（1）高速深孔加工指令（G73）

编程格式：G73　X__　Y__　Z__　R__　Q__　F__;

其固定循环指令动作如图 3-37a 所示。高速深孔加工采用间断进给，有利于断屑、排屑。每次进给钻孔深度为 Q，一般取 3～10mm，末次进刀深度≤Q，d 为间断进给时的抬刀量，由机床内部设定，一般为 0.2～1mm（可通过人工设定加以改变）。

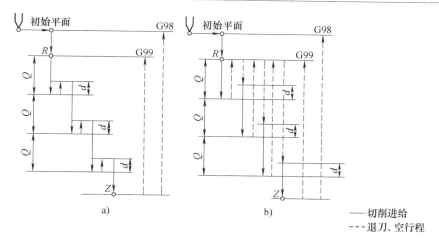

图 3-37　深孔加工固定循环

a) G73　b) G83

（2）一般深孔加工指令（G83）

编程格式：G83　X ＿＿　Y ＿＿　Z ＿＿　R ＿＿　Q ＿＿　F ＿＿；

其中，固定循环动作如图 3-37b 所示。

G83 与 G73 的区别在于：G73 每次以进给速度钻出 Q 深度后，快速抬高 $Q+d$，再由此处以进给速度钻孔至第二个 Q 深度，依次重复，直至完成整个深孔的加工；而 G83 指令则是在每次进给钻进一个 Q 深度后，均快速退刀至安全平面高度，然后快速下降至前一个 Q 深度之上 d 处，再以进给速度钻孔至下一个 Q 深度。

3.4.2　螺纹加工循环指令

螺纹加工指令有两个：G74 和 G84，它们分别用于左旋螺纹加工和右旋螺纹加工。

1. 左螺纹加工指令（G74）

编程格式：G74　X ＿＿　Y ＿＿　Z ＿＿　R ＿＿　F ＿＿；

其固定循环动作如图 3-38 所示，丝锥在初始平面高度快速平移至孔中心（X ＿＿，Y ＿＿）处，然后再快速下降至安全平面 R ＿＿高度，反转起动主轴，以进给速度（导程/转）F ＿＿切入至 Z ＿＿处，主轴停转，再正转起动主轴，并以进给速度退刀至 R ＿＿平面，主轴停转，然后快速抬刀至初始平面。

2. 右螺纹加工指令（G84）

编程格式：G84　X ＿＿　Y ＿＿　Z ＿＿　R ＿＿　F ＿＿；

与 G74 不同的是，在快速降至安全平面 R 后，正转起动主轴，丝锥攻入孔底后停转，再反转退刀。

【例 3-17】　如图 3-39 所示，零件上的 5 个 M20 × 1.5 的螺纹底孔均已加工好，试编写右旋螺纹加工程序。

解：

设工件坐标系原点位于零件上表面对称中心，丝锥初始平面位置在工件坐标系原点上方 50mm 处。加工程序见表 3-15。

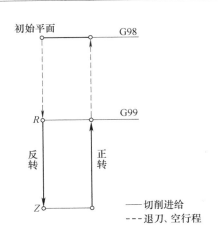

图 3-38　螺纹加工循环指令 G74

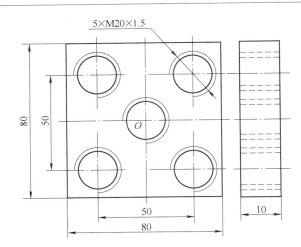

图 3-39　螺纹加工循环指令应用

表 3-15　右旋螺纹加工举例程序

程　　　序		注　　　释
O100		主程序名
N10	G90　G54　G00　Z100. ;	绝对坐标编程，调用 G54 坐标系，快速点定位
N20	M03　S500　M08 ;	主轴正转，转速为 500r/min，切削液开
N30	Z50. ;	快速下刀
N40	G84　X0.　Y0.　Z - 20.　R5.　F1. 5 ;	钻孔循环，抬刀至安全高度
N50	X25.　Y25. ;	
N60	X - 25.　Y25. ;	
N70	X - 25.　Y - 25. ;	
N80	X25.　Y - 25. ;	
N90	G80　G00　X0.　Y0.　Z100.　M09 ;	取消钻孔循环，切削液关闭，抬刀至 Z100
N100	M05 ;	主轴停转
N110	M30 ;	程序结束

3.4.3　镗孔加工循环指令

镗孔是用镗刀将工件上的孔（毛坯上铸成、锻成或事先钻出的底孔）扩大，用来提高孔的精度和表面粗糙度。镗孔加工分粗镗、精镗和背镗几种情况。

1. 粗镗孔循环指令

（1）一般用于粗镗孔、扩孔、铰孔的加工循环指令（G85）编程格式为

G85　X __　Y __　Z __　R __　F __ ;

其固定循环动作如图 3-40a 所示。在初始高度，刀具快速定位至孔中心（X __，Y __），接着快速下降至安全平面 R __处，再以进给速度 F __镗孔至孔底 Z __，然后以进给速度退刀至安全平面，再快速抬至初始平面高度。

（2）一般用于粗镗孔、扩孔、铰孔的加工循环指令（G86）编程格式与 G85 相同，但

与 G85 固定循环动作不同：当镗孔至孔底后，主轴停转，快速返回安全平面（G99 时）或初始平面（G98 时）后，主轴重新起动，如图 3-40b 所示。

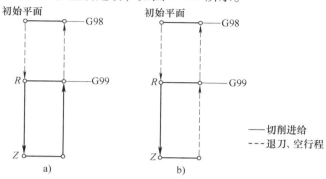

图 3-40 粗镗孔加工循环

a）G85 b）G86

（3）一般用于粗镗孔、扩孔、铰孔的加工循环指令（G88） 编程格式为

G88 X __ Y __ Z __ R __ P __ F __；

其固定循环动作与 G86 类似。不同的是：刀具在镗孔至孔底后，暂停 P __ s（秒），然后主轴停止转动，而退刀是在手动方式下进行。

（4）一般用于粗镗孔、扩孔、铰孔的加工循环指令（G89） 编程格式为

G89 X __ Y __ Z __ R __ P __ F __；

其固定循环动作与 G85 类似，唯一差别是在镗孔至孔底时暂停 P __ s（秒）。

2. 精镗孔循环指令（G76）

精镗循环与粗镗循环的区别是：刀具镗至孔底后，主轴定向停止，并反刀尖方向偏移，使刀具在退出时刀尖不致划伤精加工孔的表面。

编程格式：G76 X __ Y __ Z __ R __ Q __ P __ F __；

其固定循环动作如图 3-41 所示，镗刀在初始平面高度快速移至孔中心（X __，Y __），再快速降至安全平面 R，然后以进给速度 F __ 镗孔至孔底 Z __，暂停 P __ s（秒），然后刀具抬高一个回退量 d __，主轴定向停止转动，然后反刀尖方向快速偏移 Q __，再快速抬刀至安全平面（G99 时）或初始平面（G98 时），再沿刀尖方向平移 Q __。

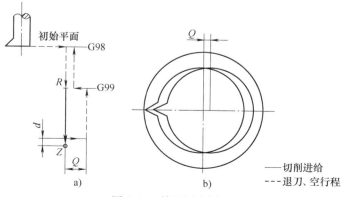

图 3-41 精镗固定循环

3. 背镗孔循环指令（G87）

背镗孔时的镗孔进给方向与一般孔加工方向相反。背镗加工时，刀具主轴沿 Z 轴正向向上加工进给，安全平面 R ＿在孔底 Z ＿的下方，如图 3-42a 所示。

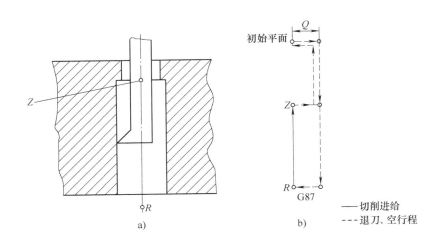

图 3-42　背镗孔固定循环

编程格式：G87　X ＿　Y ＿　Z ＿　R ＿　Q ＿　P ＿　F ＿；

其固定循环动作如图 3-42b 所示。刀具在初始平面高度快速移至孔中心（X ＿，Y ＿），主轴定向停转；然后快速沿反刀尖方向偏移 Q ＿值，再沿 Z 轴负向快速降至安全平面 R ＿；然后沿刀尖正向偏移 Q ＿值，主轴正转起动；再沿 Z 轴正向以进给速度向上反镗至孔底 Z ＿，暂停 P ＿ s（秒）；然后沿 Z 轴负向回退 d，主轴定向停转，反刀尖方向偏移 Q ＿，并快速沿 Z 轴正向退刀至初始平面高度；再沿刀尖正向横移 Q ＿回到初始孔中心位置，主轴再次起动。

3.4.4　孔加工循环功能的应用

1. 使用孔加工固定循环指令的注意事项

（1）固定循环指令的长效性　G73、G74、G76、G81 ~ G89 等固定循环指令均具有长效延续性能，在未出现 G80（取消固定循环指令）及 G 组的准备功能代码 G00、G01、G02、G03 时，其固定循环指令一直有效；固定循环指令中的参数除 L ＿外也均具有长效延续性能。如果加工的是一组相同孔径、相同孔深的孔，仅需给出新孔位置 X ＿、Y ＿的变化值，而 Z ＿、R ＿、Q ＿、P ＿、F ＿均无需重复给出，一旦取消固定循环指令，其参数的有效性也随之结束。X ＿、Y ＿、Z ＿恢复至 3 轴联动的轮廓位置控制状态。

（2）孔中心位置的确定　在调用固定循环指令时，若其参数没有 X ＿、Y ＿，孔中心位置为调用固定循环指令时刀心所处的位置。如果在此位置不进行孔加工操作，可在指令中插入 L0，其功能是仅设置加工参数，不进行实际加工。若后续程序段给出孔中心位置，即用 L0 中设置的参数进行孔加工。

（3）固定循环指令的重复调用　在固定循环指令格式中，L __ 是表示重复调用次数的参数。如果有孔间距相同的若干相同的孔需要加工时，在增量输入方式（G91）下，使用重复调用次数 L __ 来编程，可使程序大大简化。例如，程序为 "G91　G99　G81　X50.　Z - 20.　R - 10.　L6　F50;"，其刀具运行轨迹如图 3-43 所示。如果是在绝对值输入方式下使用该指令，则不能钻出 6 个孔，仅在第一个孔处钻 6 次，结果还是一个孔。

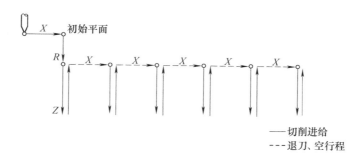

图 3-43　固定循环指令的重复调用

注意，L __ 参数不宜在加工螺纹的 G74 或 G84 循环指令中出现，因为在刀具回到安全平面 R 或初始平面时要反转，即需要一定的时间。如果用 L __ 来进行多孔操作，就要估计主轴的起动时间。如果时间估计不准确，就可能造成错误操作。

2. 孔加工循环的功能应用

【例 3-18】　用 φ10mm 的钻头加工如图 3-44 所示的 4 个孔。若孔深为 10mm，用 G81 指令；若孔深为 40mm，用 G83 指令。试用循环指令编程。

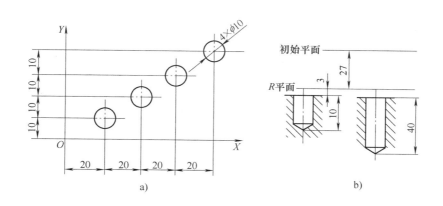

图 3-44　固定循环指令重复调用

解：

设工件坐标系原点在工件上表面，刀具的初始平面位于工件坐标系的（0，0，30）处，安全平面距工件上表面 3mm，程序清单见表 3-16。

表 3-16　固定循环指令重复调用程序

程　　序	注　　释
O1111	主程序名
N10　G90　G54　G00　Z100. ;	程序初始化
N20　M03　S500　M08 ;	主轴正轴，开冷却液
N25　X0.　Y0. ;	
N30　Z30. ;	下刀主初始平面高度
N40　G91　G99　G81　X20.　Y10.　Z-13.　R-27.　L4　F40 ; （G91　G99　G81　X20.　Y10.　Z-43.　R-27.　Q10.　L4　F40；）	增量编程，孔加工循环
N50　G90　G80　M09　X0.　Y0.　Z100. ;	绝对坐标，取消孔加工循环
N60　M05 ;	主轴停转
N70　M30 ;	程序结束

3.5　综合加工实例

项目一　十字凸台零件加工实例

加工如图 3-45 所示零件，毛坯尺寸为 $100mm \times 100mm \times 20mm$，材料为 45 钢，设备选用立式加工中心，试编写其加工程序。

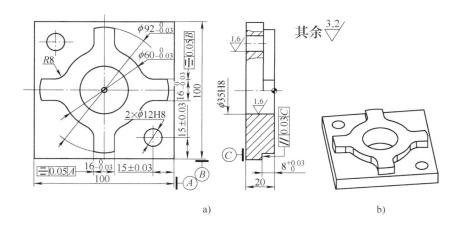

图 3-45　十字凸台零件
a）零件图　b）三维图

1. 零件分析

1）零件图上精度要求比较高的尺寸主要有：外圆直径 $\phi92_{-0.03}^{\ 0}$ mm、$\phi60_{-0.03}^{\ 0}$ mm；长度尺寸 $16_{-0.03}^{\ 0}$ mm；深度尺寸 $8_{\ 0}^{+0.03}$ mm；孔径尺寸 $\phi35H8$mm 等。操作者可以通过在精加工之

前，安排尺寸检测，并进行刀具补偿值的修正或通过刀具磨耗量的设置，达到尺寸精度要求。

2）零件的表面粗糙度要求为孔表面粗糙度要求为 $Ra1.6\mu m$，其余各表面粗糙度值均为 $Ra3.2\mu m$。$\phi12H8mm$ 孔的加工采用钻、扩、铰的方法；$\phi35H8mm$ 孔则采用钻、粗铣、精铣的方式加工。其他轮廓表面均采用粗、精铣削方式加工。

2. 加工工艺方案设计

1）选 T01（$\phi16mm$ 硬质合金立铣刀），粗铣十字轮廓，留 1mm 精加工余量，采用分层切削，在最后一层铣削前，安排暂停，检测深度尺寸实际值，通过刀具长度补偿值的修正或刀具长度磨耗量的设置，达到深度尺寸 $8^{+0.03}_{0}mm$ 的尺寸要求。

2）选 T02（$\phi12mm$ 硬质合金立铣刀），半精铣后，留精加工余量 0.3mm，安排尺寸检查，根据实际尺寸修改刀具半径补偿值或磨耗量；使精铣达到尺寸要求。

3）选 T03（A3 中心孔钻）加工 3 个中心孔。

4）选 T04（$\phi10mm$ 钻头），钻 $\phi12H8mm$、$\phi35H8mm$ 3 个孔。

5）选 T05（$\phi11.8mm$ 扩孔钻），扩孔。

6）选 T06（$\phi12H8mm$ 铰刀）进行 $\phi12H8mm$ 两个孔铰削加工。

7）选 T02（$\phi12mm$ 硬质合金立铣刀）对 $\phi35H8mm$ 进行粗铣和精铣。

3. 加工轨迹路线

1）图 3-46 所示为轮廓粗加工轨迹。图 3-46a 采用法向切入切出，A（−70，0）为起点，B（−46，0）为切入点和切出点；图 3-46b 采用轮廓延长线切入切出，各点坐标为 A_1（−65，65）、B_1（−65，8）、C_1（−28.914，8）、D_1（−8，28.914）、E_1（−8，65）。

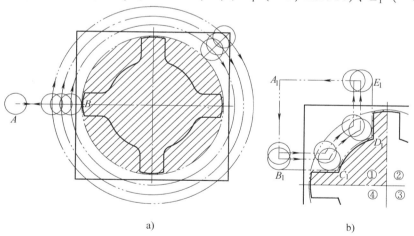

图 3-46　轮廓粗加工轨迹

a）轮廓粗加工轨迹一　b）轮廓粗加工轨迹二

2）图 3-47 所示为轮廓精加工轨迹。起点 A_2，切入点 B_2，切出点 D_2，各点坐标分别为 A_2（−76，0）、B_2（−76，−30）、C_2（−46，0）、1（−45.299，8）、2（−34.467，8）、3（−27.211，12.632）、4（−12.632，27.211）、5（8，34.467）、6（−8，45.299）、7（0，46）。

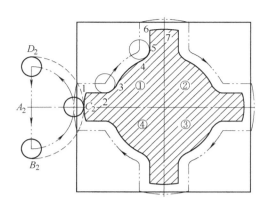

图 3-47　精加工轮廓轨迹

其他加工轨迹略。

4. 程序编制（使用立式加工中心，表 3-17）

表 3-17　十字凸台加工程序

	程　　序	注　　释
	O1111	主程序名
N1	G90　G49　G40　G54　G00　Z100.；	初始化，调用 G54 坐标系，快速定位 Z 轴正方向 100mm
N2	M03　S1000　T01；	选 1 号刀
N3	M06；	换 1 号刀
N4	G43　X－70.　Y0.　Z20.　H01　T02；	移动至 A 点上方，加刀具长度补偿，选 2 号刀准备
N5	Z1.；	
N6	G01　G41　X－46.　Y0.　D01　F200；	$A \rightarrow B$，D01＝20mm
N7	G02　I46.J0.　Z－3.；	螺旋铣削，第一圈切削深度 3mm，粗铣轨迹一
N8	G02　I46.J0.　Z－5.；	
N9	G02　I46.J0.　Z－7.；	
N10	G02　I46.J0.　Z－8.；	
N11	G02　I46.J0.；	底面重复一圈
N12	G01　Z1.；	抬刀
N13	G00　X－70.　G40；	取消刀具半径补偿，回到 A 点
N15	G01　G41　X－46.Y0.D02　F200；	$A \rightarrow B$，D02＝14mm
N16	G02　I46.J0.　Z－3.；	螺旋铣削，第一圈切削深度 3mm，粗铣轨迹一
N17	G02　I46.J0.　Z－5.；	
N18	G02　I46.J0.　Z－7.；	
N19	G02　I46.J0.　Z－8.；	
N20	G02　I46.J0.；	底面重复一圈
N21	G01　Z1.；	抬刀

（续）

程　序	注　释
O1111	主程序名
N22　　G00　X－70.　G40;	取消刀具半径补偿，回到 A 点
N23　　G01　G41　X－46.　Y0.　D03　F200;	A→B，D03＝9mm，留 1mm 余量
N24　　G02　I46.　J0.　Z－3.;	螺旋铣削，第一圈切削深度 3mm，粗铣轨迹一
N25　　G02　I46.　J0.　Z－5.;	
N26　　G02　I46.　J0.　Z－7.;	
N27　　G02　I46.　J0.　Z－8.;	
N28　　G02　I46.　J0.;	底面重复一圈
N29　　G01　Z1.;	抬刀
N30　　G00　X－70.　G40;	取消刀具半径补偿，回到 A 点
N31　　Z20.;	
N32　　X－65.　Y65.;	移动至 A₁ 上方，粗加工轨迹二
N39　　Z－4.;	下刀，第 1 层加工
N40　　M98　P10;	加工轮廓①
N41　　G00　Z20.;	抬刀
N42　　X65. Y65.;	定位
N43　　Z－4.;	
N44　　G51.1　X0.;	关于 Y 轴镜像
N45　　M98　P10;	加工轮廓②
N46　　G50.1;	取消镜像
N47　　G00　Z20.;	抬刀
N48　　X65.　Y－65.;	定位
N49　　Z－4.;	
N50　　G51.1　X0.　Y0.;	关于原点 O 镜像
N51　　M98　P10;	加工轮廓③
N52　　G50.1;	取消镜像
N53　　G00　Z20.;	抬刀
N54　　X－65.　Y－65.;	定位
N55　　Z－4.;	
N56　　G51.1　Y0.;	关于 X 轴镜像
N57　　M98　P10;	加工轮廓④
N58　　G50.1;	取消镜像
N59　　G00　Z20.;	抬刀
N60　　X－65.　Y65.;	定位
N61　　Z－7.;	下刀，第 2 层加工
N62　　M98　P10;	加工轮廓①

（续）

程　　序		注　　释
	O1111	主程序名
N63	G00　Z20.；	
N64	X65. Y65.；	
N65	Z－7.；	
N66	G51.1　X0.；	
N67	M98　P10；	加工轮廓②
N68	G50.1；	
N69	G00　Z20.；	
N70	X65.　Y－65.；	
N71	Z－7.；	
N72	G51.1　X0.　Y0.；	
N73	M98　P10；	加工轮廓③
N74	G50.1；	
N75	G00　Z20.；	
N76	X－65.　Y65.；	
N77	Z－7.；	
N78	G51.1　X0.　Y0.；	
N79	M98　P10；	加工轮廓④
N80	G50.1；	
N81	G00　Z20.；	
N82	X－65.　Y65.；	
N83	Z－8.；	下刀，第3层加工
N84	M98　P10；	加工轮廓①
N85	G00　Z20.；	
N86	X65. Y65.；	
N87	Z－8.；	
N88	G51.1　X0.；	
N89	M98　P10；	加工轮廓②
N90	G50.1；	
N91	G00　Z20.；	
N92	X65.　Y－65.；	
N93	Z－8.；	
N94	G51.1　X0.　Y0.；	
N95	M98　P10；	加工轮廓③
N96	G50.1；	
N97	G00　Z20.；	

（续）

程 序	注 释
O1111	主程序名
N98	Z -8. ;	
N99	G51. 1 X0. Y0. ;	
N100	M98 P10 ;	加工轮廓④
N101	G50. 1 ;	
N102	G00 Z20. ;	
N103	M05 G49 Z20. ;	抬刀，主轴停止，取消刀具长度补偿
N104	G28 Z100. ;	经过点（0，0，100）回参考点
N105	M06 ;	换 2 号刀
N106	G43 G00 X -76. Y0. Z20. H02 ;	快移至 A_2 点上方，加刀具长度补偿
N107	M03 S1500 ;	
N108	Z -8. ;	下刀至切削深度
N109	G41 Y -30. D21 F200 ;	$A_2 \rightarrow B_2$，D21 $= 6.3$mm，半精加工外轮廓，留余量 0. 3mm
N110	M98 P20 ;	铣削轮廓①
N111	G68 X0. Y0. R -90. ;	坐标系顺时针旋转90°
N112	M98 P20 ;	铣削轮廓②
N113	G69 ;	取消旋转
N114	G68 X0. Y0. R -180. ;	坐标系顺时针旋转180°
N115	M98 P20 ;	铣削轮廓③
N116	G69 ;	取消旋转
N117	G68 X0. Y0. R -270. ;	坐标系顺时针旋转270°
N118	M98 P20 ;	铣削轮廓④
N119	G69 ;	取消旋转
N120	G03 X -76. Y30. R30. ;	$C_2 \rightarrow D_2$
N121	G01 Y0. G40 ;	$D_2 \rightarrow A_2$，取消刀具半径补偿
N122	G41 Y -30. D22 F200 ;	$A_2 \rightarrow B_2$，D22 $= 6$mm，精加工外轮廓
N123	M98 P20 ;	铣削轮廓①
N124	G68 X0. Y0. R -90. ;	坐标系顺时针旋转90°
N125	M98 P20 ;	铣削轮廓②
N126	G69 ;	取消旋转
N127	G68 X0. Y0. R -180. ;	坐标系顺时针旋转180°
N128	M98 P20 ;	铣削轮廓③
N129	G69 ;	取消旋转
N130	G68 X0. Y0. R -270. ;	坐标系顺时针旋转270°
N131	M98 P20 ;	铣削轮廓④
N132	G69 ;	取消旋转
N133	G03 X -76. Y30. R30. ;	$C_2 \rightarrow D_2$
N134	G01 Y0. G40 ;	$D_2 \rightarrow A_2$，取消刀具半径补偿

（续）

程　　序	注　　释
O1111	主程序名
N135　G00　Z20.　G49　T03　M05；	抬刀，取消刀具长度补偿，选3号刀准备
N136　G28；	回参考点
N137　M06；	换3号刀
N138　G43　Z100.　H03；	
N139　Z30.　M03　S1000；	初始平面高度
N140　G81　X－35.　Y35.　Z－9.　Q3.　F50；	加工中心孔
N141　X35.　Y－35.；	
N142　X0　Y0.　Z－1.；	
N143　G49　G80　G00　Z100.　T04　M05；	取消刀具长度补偿，选4号刀准备
N144　G28；	回参考点
N145　M06；	换4号刀，钻孔
N146　G43　Z100.　H04；	
N147　Z30.　M03　S600；	
N148　G81　X－35.　Y35.　Z－25.　R3.　F50；	
N149　X35.　Y－35.；	
N150　G83　X0.　Y0.　Z－25.　R3.　Q8.　F50；	
N151　G49　G80　G00　Z100.　T05　M05；	取消刀具长度补偿，选5号刀准备
N152　G28；	
N153　M06；	换5号刀，扩孔
N154　G43　Z100.　H05；	
N155　Z30.　M03　S800；	
N156　G81　X－35.　Y35.　Z－25.　R3　F50；	
N157　X0.　Y0.；	
N158　X35.　Y－35.；	
N159　G49　G80　G00　Z100.　T06　M05；	取消刀具长度补偿，选6号刀准备
N160　G28；	
N161　M06；	换6号刀，铰孔
N162　G43　Z100.　H06；	
N163　Z30.　M03　S300；	
N164　G81　X－35.　Y35.　R3.　F50；	
N165　X35.　Y－35.；	
N166　G49　G80　G00　Z100.　T02　M05；	取消刀具长度补偿，选2号刀准备
N167　G28；	
N168　M06；	换2号刀，铣孔 $\phi35mm$
N169　G43　Z100.　H02；	
N170　Z30.　M03　S1500；	
N171　G01　X0　Y0　Z1.　F200；	粗铣孔

（续）

程　序		注　释
	O1111	主程序名
N172	G41　X17.5　D23;	D23 = 6.5mm，留精加工余量 0.5mm
N173	G03　I - 17.5　J0.　Z - 3.;	螺旋铣削，每圈切削深度为 3mm
N174	G03　I - 17.5　J0.　Z - 6.;	
N175	G03　I - 17.5　J0.　Z - 9.;	
N176	G03　I - 17.5　J0.　Z - 12.;	
N177	G03　I - 17.5　J0.　Z - 15.;	
N178	G03　I - 17.5　J0.　Z - 18.;	
N179	G03　I - 17.5　J0.　Z - 21.;	
N180	G03　I - 17.5　J0.;	孔底重复铣一圈
N181	G01　Z1.;	抬刀至孔口
N182	G40　X0.　Y0.;	定位圆心，取消刀补
N183	G41　X17.5　D24;	D24 = 6mm，精铣内孔 $\phi35H8mm$ 到尺寸要求
N184	G03　I - 17.5　J0.　Z - 3.;	螺旋铣削，每圈切削深度 3mm
N185	G03　I - 17.5　J0.　Z - 6.;	
N186	G03　I - 17.5　J0.　Z - 9.;	
N187	G03　I - 17.5　J0.　Z - 12.;	
N188	G03　I - 17.5　J0.　Z - 15.;	
N189	G03　I - 17.5　J0.　Z - 18.;	
N190	G03　I - 17.5　J0.　Z - 21.;	
N191	G03　I - 17.5　J0.;	
N192	G01　G40　X0.　Y0.;	
N193	G00　Z10.;	
N194	G49　Z100.;	
N195	M05;	
N196	M30;	
	O10	子程序名
N2	G41　Y8.　D11;	$A_1 \rightarrow B_1$，D11 = 12mm
N4	G01　X - 28.914　Y8.　F200;	$B_1 \rightarrow C_1$
N6	G02　X - 8.　Y28.914　R30.;	$C_1 \rightarrow D_1$
N8	G01　X - 8.　Y65.;	$D_1 \rightarrow E_1$
N10	G00　X - 65　Y65.　G40;	$E_1 \rightarrow A_1$
N12	G41　Y8.　D12;	$A_1 \rightarrow B_1$，D12 = 9mm，留余量 1mm
N14	G01　X - 28.914　Y8.　F200;	$B_1 \rightarrow C_1$
N16	G02　X - 8.　Y28.914　R30.;	$C_1 \rightarrow D_1$
N18	G01　X - 8.　Y65.;	$D_1 \rightarrow E_1$
N19	G00　X - 65.　Y65.　G40;	$E_1 \rightarrow A_1$
N20	M99;	子程序结束返回

（续）

程　　序		注　　释
	O20	子程序名
N2	G03　X – 46.　Y0.　R30.　;	$B_2 \rightarrow C_2$
N4	G02　X – 45. 299　Y8. R46.　;	$C_2 \rightarrow 1$
N6	G01　X – 34. 467;	$1 \rightarrow 2$
N8	G03　X – 27. 211　Y12. 632　R8.　;	$2 \rightarrow 3$
N10	G02　X – 12. 632　Y27. 211　R30.　;	$3 \rightarrow 4$
N12	G03　X8.　Y34. 467　R8.　;	$4 \rightarrow 5$
N14	G01　X – 8.　Y45. 299;	$5 \rightarrow 6$
N16	G02　X0.　Y46.　R46.　;	$6 \rightarrow 7$
N18	M99;	

项目二　转接盘零件加工实例

完成如图 3-48 所示转接盘零件的铣削加工编程。零件材料为硬铝 2A12，毛坯尺寸为 80mm × 80mm × 15mm，且各个表面已经加工到位。

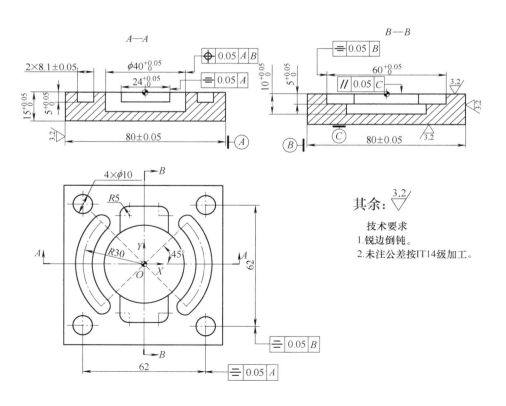

图 3-48　转接盘零件

1. 零件分析

1）零件图上精度要求比较高的尺寸主要有：型腔 $\phi40^{+0.05}_{0}$mm、$24^{+0.05}_{0}$mm；槽深尺寸 $10^{+0.05}_{0}$mm、$5^{+0.05}_{0}$mm 等。操作者可以通过在精加工之前，安排尺寸检测，并进行刀具补偿值的修正或通过刀具磨耗量的设置，达到尺寸精度要求。

2）零件的表面粗糙度要求为各表面粗糙度值均为 $Ra3.2\mu m$。除孔 $4\times\phi10$mm 采用钻、铰加工外，各表面均采用粗、精铣削方式加工。

2. 加工工艺方案设计

1）选 T01（$\phi16$mm 高速钢立铣刀），铣 $\phi40^{+0.05}_{0}$mm 的圆槽。精铣前，安排暂停，尺寸实际值应通过刀具半径补偿值的修正或刀具磨耗量的设置，达到尺寸要求。

2）选 T02（$\phi10$mm 高速钢立铣刀），铣削 60mm×24mm 长方形槽，保证 $24^{+0.05}_{0}$mm 和 $60^{+0.05}_{0}$ 的尺寸要求。

3）选 T03（$\phi6$mm 高速钢立铣刀），铣削两条对称圆弧槽，保证尺寸（8.1±0.05）mm。

4）选 T04（A3 中心孔钻），钻 $4\times\phi3$mm 中心孔。

5）选 T05（$\phi9.8$mm 钻头），钻 $4\times\phi9.8$mm 孔。

6）选 T06（$\phi10$mm 铰刀）进行 $4\times\phi10$mm 孔铰削加工。

3. 加工轨迹路线

图 3-49 所示为内轮廓加工轨迹。图 3-49a 采用螺旋插补，A（20，0）为起点，图 3-49b 采用轮廓延长线切入切出，A_1（12，0）。由于内圆角半径 $R=5$mm 与刀具半径相同，所以，按直角坐标编程，各点坐标为 1（12，30）、2（-12，30）、3（-12，-30）、4（12，-30）；图 3-49c 采用极坐标编程，极点为 O，各基点坐标为 O_1（30，-45）、O_2（30，45）、A_2（34.05，-45）、B_2（34.05，45）、C_2（25.95，45）、D_2（25.95，-45）。

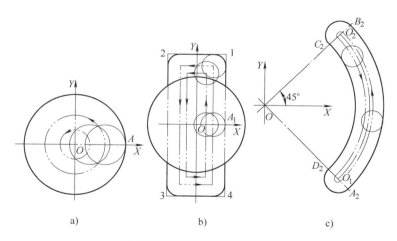

图 3-49　轮廓加工轨迹示意图

a）$\phi40$mm 孔加工轨迹　b）60mm×24mm 槽加工轨迹　c）圆弧槽加工轨迹

其他加工轨迹略。

4. 加工程序编制

（1）粗、精铣 $\phi40$mm 的孔（表 3-18）

表 3-18　转接盘加工程序 1

程　序						注　释
O0001						主程序名
N2	G90　G54　G00　Z100.　M03　S600；					初始化,调用 G54 坐标系
N4	X0.　Y0. ；					定位 O 点
N6	Z10.　M08；					下刀,开切削液
N8	G41　G01　X20.　Y0.　D01　F100；					O→A,加刀具半径补偿,D01 = 9mm
N10	Z1. ；					下刀
N12	G03　I − 20.　J0.　Z − 4. ；					螺旋铣削
N14	G03　I − 20.　J0.　Z − 8. ；					
N16	G03　I − 20.　J0.　Z − 10. ；					
N18	G03　I − 20.　J0. ；					孔底重复一圈
N19	G01　Z1.　F300；					抬刀
N20	G40　X0.　Y0. ；					A→O,取消刀具半径补偿
N21	G41　G01　X20.　Y0.　D02　F100；					O→A,加刀具半径补偿,D01 = 8.2mm
N22	G03　I − 20.　J0.　Z − 4. ；					螺旋铣削
N24	G03　I − 20.　J0.　Z − 8. ；					
N26	G03　I − 20.　J0.　Z − 10. ；					
N28	G03　I − 20.　J0. ；					孔底重复一圈
N30	G40　G01　X0.　Y0. ；					A→O,取消刀具半径补偿
N32	G00　Z1. ；					抬刀
N34	G41　G01　X20.　Y0.　D03　F100　S1000；					D03 = 8mm,根据实际尺寸修正
N36	G03　I − 20.　J0.　Z − 4. ；					
N38	G03　I − 20.　J0.　Z − 8. ；					
N40	G03　I − 20.　J0.　Z − 10. ；					
N42	G03　I − 20.　J0. ；					
N44	G40　G00　X0.　Y0. ；					
N46	Z100　M09；					
N48	M05；					
N50	M30；					

（2）粗、精铣 60mm ×24mm 的矩形槽（表 3-19）

表 3-19　转接盘加工程序 2

程　序						注　释
O0002						主程序名
N2	G90　G55　G00　Z100.　M03　S600；					初始化,调用 G55 坐标系
N4	X0.　Y0. ；					定位 O 点
N6	Z10.　M08；					下刀,开切削液

（续）

程　序		注　释
O0002		主程序名
N8	G01　Z－5.　F300；	下刀
N10	G41　G01　X12.　Y0.　D11　F100；	$O \to A_1$，加刀具半径补偿，D11＝9mm
N12	X12.　Y30.；	$A_1 \to 1$
N14	X－12.　Y30.；	$1 \to 2$
N16	X－12.　Y－30.；	$2 \to 3$
N18	X12.　Y－30.；	$3 \to 4$
N19	X12.　Y0.；	$4 \to A_1$
N20	G40　X0　Y0；	$A_1 \to O$，取消刀具半径补偿
N21	G41　G01　X12.　Y0.　D12　F100；	$O \to A_1$，加刀具半径补偿，D12＝5.2mm
N22	X12.　Y30.；	$A_1 \to 1$
N24	X－12.　Y30.；	$1 \to 2$
N26	X－12.　Y－30.；	$2 \to 3$
N28	X12.　Y－30.；	$3 \to 4$
N30	X12.　Y0.；	$4 \to A_1$
N32	G40　X0.　Y0.；	$A_1 \to O$，取消刀具半径补偿
N34	G41　G01　X12.　Y0　D13　F100　S1000；	$O \to A_1$，加刀具半径补偿，D13＝5mm，必要的修正
N36	X12.　Y30.；	$A_1 \to 1$
N38	X－12.　Y30.；	$1 \to 2$
N40	X－12.　Y－30.；	$2 \to 3$
N42	X12.　Y－30.；	$3 \to 4$
N44	X12.　Y0.；	$4 \to A_1$
N46	G40　X0.　Y0.；	$A_1 \to O$，取消刀具半径补偿
N48	Z100　M09；	
N50	M05；	
N52	M30；	

（3）粗、精铣削圆弧槽（表 3-20）

表 3-20　转接盘加工程序 3

程　序		注　释
O0003		主程序名
N2	G90　G56　G00　Z100.　M03　S600；	初始化，调用 G56 坐标系
N4	X0.　Y0.；	定位 O 点
N6	Z10.　M08；	下刀，开切削液
N8	G17　G16；	极坐标生效
N10	M98　P31；	加工右边圆弧槽

（续）

程　序	注　释
O0003	主程序名
N12　G51.1　X0.；	坐标镜像，以 Y 轴对称
N14　M98　P31；	加工左边圆弧槽
N16　G50.1；	取消镜像
N18　G15；	恢复直角坐标编程
N19　G00　Z100.　M09；	
N20　M05；	
N21　M30；	

（4）铣削圆弧槽子程序（表 3-21）

表 3-21　转接盘加工程序 4

程　序	注　释
O31	子程序名
N2　G01　X30.　Y − 45.　F100；	$O \to O_1$ 点上方
N4　Z1.；	下刀
N6　G03　X30.　Y45.　Z − 3.　R30.；	$O_1 \to O_2$，沿中心线轨迹粗铣圆弧槽
N8　G02　X30.　Y − 45.　Z − 5.　R30.；	$O_2 \to O_1$，沿中心线轨迹粗铣圆弧槽
N10　G41　G01　X34.05　Y − 45.　D21；	$O_1 \to A_2$，加刀具半径补偿，D21 = 3mm，必要的修正
N12　G03　Y45.　R30.；	$A_2 \to B_2$
N14　G03　X25.95　Y45.　R4.05.；	$B_2 \to C_2$
N16　G03　Y − 45.　R30.；	$C_2 \to D_2$
N18　G02　X34.05.　R4.05.；	$D_2 \to A_2$
N19　G01　X30.　Y45.　G40；	$A_2 \to O_1$，取消刀补
N20　G00　Z10.；	抬刀
N21　X0.　Y0.；	回到 O 点
N22　M99；	子程序结束返回

（5）钻 4 个定位孔（表 3-22）

表 3-22　转接盘加工程序 5

程　序	注　释
O0004	主程序名
N2　G90　G57　G00　Z100.　M03　S400；	初始化，调用 G57 坐标系
N6　Z30.　M08；	下刀至初始平面，开切削液
N8　G99　G81　X31.　Y31.　Z − 1.　R3.　F50；	加工中心孔循环
N10　X − 31.；	
N12　Y − 31.；	
N14　G98　X31.；	
N16　G80　G00　Z100.　M09；	
N18　M05；	
N20　M30；	

（6）钻 4 个通孔至要求尺寸　钻 4 个通孔 $\phi9.8mm$，再用 $\phi10mm$ 的铰刀铰削加工。加工程序与程序 OO0004 类似，在此略。

项目三　配合件加工实例

试完成如图 3-50 所示组合体的加工与装配工作。图 3-51、图 3-52 分别为件 1、件 2 的零件图。工件材料为 45 钢，调质处理，硬度为 25 ~ 32HRC。

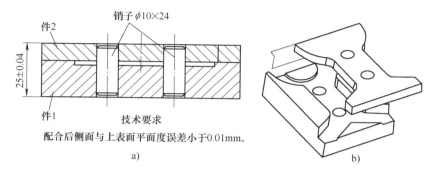

图 3-50　组合体装配图

a）零件图　b）三维图

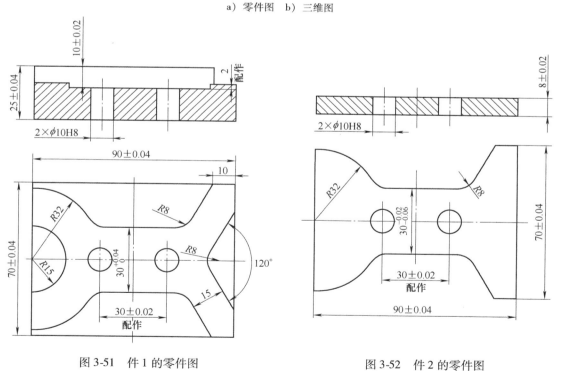

图 3-51　件 1 的零件图

图 3-52　件 2 的零件图

1. 组合件加工要点说明

1）组合件加工时，不仅要满足每个零件的技术要求，而且还要满足装配体的装配要求。本例要求两个零件装配后左右侧面和上表面要平齐，平行度误差不大于 0.01mm，精度要求高于零件本身尺寸精度要求，因此，配合要求难度较大，应采用配作的方式完成。

上表面的配作修配环节为件1上的2mm凸台，所以，应先加工件2，后加工件1，留出凸台尺寸的修配余量，根据试装误差修配凸台尺寸，达到上表面装配要求。

两个零件的毛坯长度尺寸先加工至90.2mm，留出修配余量，待两个零件通过配作的销子装配好后，再铣削左、右侧面，保证尺寸（90±0.02）mm，同时保证侧面的配合要求。

2）两个工件坐标系原点均选择在工件上表面对称中心处，注意工件的对刀和装夹找正要准确。

3）两个凸凹零件相配合时，内、外曲线的轮廓尺寸公差的控制也是一个关键问题，尤其件1的槽宽 $30^{+0.04}_{0}$ mm 和件2的 $30^{-0.02}_{-0.06}$ mm 这两个尺寸，需要通过轮廓铣削时刀具半径补偿值的合理调整和准确测量相结合来保证。

2. 工艺方案的设计

1）选T01（ϕ18mm硬质合金立铣刀）手工粗、精铣削毛坯，件1尺寸为90.2mm×70mm×25mm，其中宽度70mm和高度25mm应保证技术要求。件2尺寸为90.2mm×70mm×8mm，其中宽度70mm和高度8mm应保证技术要求。

2）选T02（ϕ16mm硬质合金立铣刀）粗、精铣削件2的外形侧面轮廓达尺寸要求。

3）选T03（ϕ9.8mm钻头）钻件2两个销孔。

4）选T02（ϕ16mm硬质合金立铣刀）粗铣件1的凹槽轮廓达尺寸要求，凸台高度尺寸暂为2.2mm，留出修配余量。

5）选T04（ϕ12mm硬质合金立铣刀）粗、精铣削件1的内轮廓槽达尺寸要求。

6）试装配，测出件1和件2上表面高度误差实际值，使用T04立铣刀通过调整刀具长度补偿值铣削修正凸台高度，达到上表面装配要求为止。

7）选T03（ϕ9.8mm钻头）钻件1两个销孔。

8）件1和件2配合，用压板夹紧，选用T05（ϕ10H8mm铰刀）配铰两销孔至尺寸。

9）件1和件2配合，装定位销，用压板夹紧，选用T02立铣刀配铣两零件左右侧面，保证长度尺寸（90±0.02）mm，则装配体加工完成。

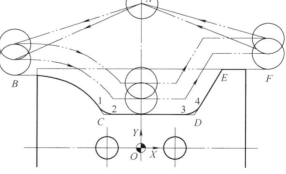

图3-53　件2曲线轮廓加工轨迹

3. 部分工序加工轨迹路线及参考程序

（1）件2的加工轨迹及参考程序　图3-53所示为件2的粗、精加工轨迹路线。粗加工采用 $A \rightarrow B \rightarrow C \rightarrow D \rightarrow E \rightarrow F \rightarrow A$ 路线，以避免刀具半径补偿值大于内角半径。基点坐标分别为 A（0，65）、B（−60，32）、C（−16.733，15）、D（24.453，15）、E（35，35）、F（60，35），刀具半径补偿值为 D21 = 15mm、D22 = 8.5mm。精加工采用 $A \rightarrow B \rightarrow 1 \rightarrow 2 \rightarrow 3 \rightarrow 4 \rightarrow E \rightarrow F \rightarrow A$ 路线，切点坐标分别为 1（−18.819，18.4）、2（−12.274，15）、3（18.834，15）、4（25.762，19），刀具半径补偿 D23 = 8mm（根据实际测量，作适当的修正）。利用镜像功能加工下面轮廓。件2的加工程序见表3-23（刀具为T02ϕ16mm硬质合金立铣刀）

表 3-23 件 2 加工程序

程 序		注 释
	O2001	主程序名
N2	G90 G54 G00 Z100. M03 S600;	初始化,调用 G54 坐标系
N4	X0. Y0.;	定位 O 点
N6	Z10. M08;	下刀,开切削液
N8	M98 P21;	加工上面轮廓
N10	G51.1 Y0.;	以 X 轴为镜像轴打开镜像功能
N12	M98 P21;	加工下面轮廓
N14	G50.1;	取消镜像功能
N16	G00 Z100.;	
N18	M05;	
N19	M30;	
	O21	子程序名
N2	X0. Y65.;	定位在 A 点上方
N4	Z - 9.;	下刀
N6	G00 G41 X - 60. Y32. D21;	加刀补 D21 = 15mm,A→B
N8	M98 P22;	子程序嵌套
N10	G40 X0. Y65.;	取消刀补,F→A
N12	G00 G41 X - 60. Y32. D22;	加刀补 D22 = 8.5mm,A→B
N14	M98 P22;	子程序嵌套
N16	G40 X0. Y65.;	取消刀补,F→A,可安排暂停,检测
N18	G00 G41 X - 60. Y32. D23;	加刀补 D23 = 8mm,A→B,修正刀补值
N20	G02 X - 18.819 Y18.4 R32.;	B→1
N22	G03 X - 12.274 Y15. R8.;	1→2
N24	G01 X18.834;	2→3
N26	G03 X25.762 Y19. R8.;	3→4
N28	G01 X35. Y35.;	4→E
N30	X60. Y35.;	E→F
N32	G00 G40 X0. Y65.;	取消刀补,F→A
N34	Z10.;	抬刀
N36	X0. Y0.;	
N38	M99;	
	O22	子程序名
N2	G02 X - 16.733 Y15. R32.;	B→C
N4	G01 X24.453 Y15.;	C→D
N6	G01 X35. Y35.;	D→E
N8	X60. Y35.;	E→F
N10	M99;	

（2）件 1 的加工轨迹及参考程序　为简化件 1 的编程，将粗、精加工分 3 步进行。

第 1 步：选用 T01φ18mm 硬质合金立铣刀，粗加工中心直槽，加工深度为（10 - 2.2）mm = 7.8mm。基点坐标：A（- 60,0），B（60,0）。粗加工中心直槽轨迹如图 3-54 所示。

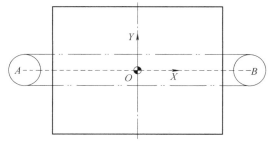

第 2 步：粗加工件 1 内轮廓轨迹如图 3-55 所示，选用 T02φ16mm 硬质合金立铣刀，粗加工内轮廓上部，加工深度为 7.8mm。然后，再利用镜像功能加工下半轮廓。基点坐标：A_1（- 60,32）、B_1（- 45,32）、C_1（- 18.819,18.4）、D_1（- 12.274,15）、

图 3-54　粗加工中心直槽轨迹

E_1（18.834,15）、F_1（25.762,19）、G_1（35,35）、H_1（43.66,50）。刀具半径补偿 D21 = 18mm，D22 = 8.5mm。件 1 的加工程序见表 3-24。（刀具为 T02φ16mm 硬质合金立铣刀）。

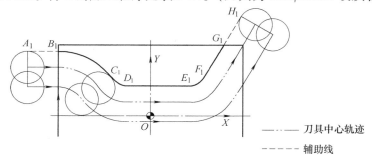

—·—·— 刀具中心轨迹

----- 辅助线

图 3-55　粗加工件 1 内轮廓轨迹

表 3-24　件 1 加工程序 1

程　　序		注　　释
O1001		主程序名
N2	G90　G54　G00　Z100.　M03　S600;	初始化,调用 G54 坐标系
N4	X0.　Y0.;	定位 O 点
N6	Z10.　M08;	下刀,开切削液
N8	M98　P11;	加工上面轮廓
N10	G51.1　Y0.;	以 X 轴为镜像轴打开镜像功能
N12	M98　P11;	加工下面轮廓
N14	G50.1;	取消镜像功能
N16	G00　Z100.;	
N18	M05;	
N19	M30;	
O11		子程序名
N2	G00　G42　X - 60.　Y32.　D21;	定位在 A_1 点上方,加刀补 D21 = 18mm
N4	Z - 7.8;	下刀
N6	G01　X - 45.　Y32.;	$A_1 \rightarrow B_1$

（续）

程　序		注　释
O11		子程序名
N8	M98　P12；	子程序嵌套
N10	G40　X0.　Y0.；	取消刀补，→O
N12	G00　G42　X－60.　Y32.　D22；	加刀补 D22＝8.5mm，$O{\rightarrow}A_1$
N14	Z－7.8；	下刀
N16	G01　X－45　Y32；	$A_1{\rightarrow}B_1$
N18	M98　P12；	子程序嵌套
N20	G40　X0.　Y0.；	取消刀补，→O
N22	G00　Z100.；	
N24	M99；	子程序结束返回主程序
O12		子程序名(2 级子程序)
N2	G02　X－18.819　Y18.4　R32.；	$B_1{\rightarrow}C_1$
N4	G03　X－12.274　Y15.　R8.；	$C_1{\rightarrow}D_1$
N6	G01　X18.834　Y15.；	$D_1{\rightarrow}E_1$
N8	G03　X25.762　Y19.　R8.；	$E_1{\rightarrow}F_1$
N9	G01　X43.66　Y50.；	$F_1{\rightarrow}H_1$
N10	G00　Z10.；	抬刀
N11	M99；	子程序结束返回上一级

第 3 步：粗、精加工内轮廓槽轨迹如图 3-56 所示，选用 T04ϕ12mm 硬质合金立铣刀粗、精加工内轮廓槽达到零件图技术要求。从 1 点下刀，1→2 点时加刀具半径补偿，到达轨迹结束点（28→2）后抬刀，2→1 点时取消刀具补偿。基点坐标：1（20，0）、2（－30，0）、3（－45，15）、4（－60，15）、5（－60，32）、6（－45，32）、7（－18.819，18.4）、8（－12.274，15）、9（18.834，15）、10（25.762，19）、11（35，35）、12（41.16，45.67）、13（54.151，38.17）、14（45，22.321）、15（34.423，4）、16（34.423，－4）、17（45，－22.321）、18（54.151，－38.17）、19（41.16，－45.67）、20（35，－35）、21（25.762，－19）、22（18.834，－15）、23（－12.274，－15）、24（－18.819，－18.4）、25（－45，－32）、26（－60，－32）、27（－60，－15）、28（－45，－15）。刀具半径补偿为 D41＝6.5mm、D42＝6mm（根据测量实际尺寸，适当调整修正）。件 1 的加工程序 2 见表 3-25。（刀具为 T04ϕ12mm 硬质合金立铣刀）。

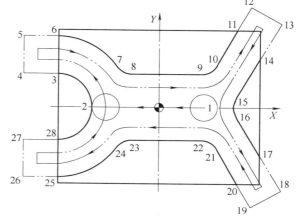

图 3-56　粗、精加工内轮廓槽轨迹

表 3-25 件 1 的加工程序 2

程　序		注　释
	O1002	主程序名
N2	G90　G54　G00　Z100.　M03　S600；	初始化,调用 G54 坐标系
N4	X20.　Y0.；	定位 1 点
N6	Z10.　M08；	开切削液
N8	G01　Z－10.　F100；	下刀至槽深
N10	G42　X－30.　Y0.　D41；	1→2,加刀具半径补偿,D41 = 6.5mm
N12	M98　P41；	调用子程序,半精铣内槽轮廓
N14	G00　Z10.；	抬刀
N16	G40　X20.　Y0.；	2→1,取消刀补
N18	G01　Z－10.　F100；	下刀至槽深
N20	G42　X－30.　Y0.　D42；	1→2,加刀具半径补偿,D42 = 6mm
N22	M98　P41；	调用子程序,精铣内槽轮廓
N24	G00　Z100.；	
N26	G40　X0.　Y0.　M05；	
N28	M30；	
	O41	子程序名
N2	G03　X－45.　Y15.　R15.；	2→3
N4	G01　X－60.；	3→4
N6	Y32.；	4→5
N8	X－45.；	5→6
N10	G02　X－18.819　Y18.4　R32.；	6→7
N12	G03　X－12.274　Y15.　R8.；	7→8
N14	G01　X18.834　Y15.；	8→9
N16	G03　X25.762　Y19.　R8.；	9→10
N18	G01　X41.16　Y45.67；	10→12
N20	X54.151　Y38.17；	12→13
N22	X34.423　Y4.；	13→15
N24	G03　X34.423　Y－4.　R8.；	15→16
N26	G01　X54.151　Y－38.17；	16→18
N28	X41.16　Y－45.67；	18→19
N30	X25.762　Y－19.；	19→21
N32	G03　X18.834　Y－15.　R8.；	21→22
N34	G01　X－12.274　Y－15.；	22→23
N36	G03　X－18.819　Y－18.4　R8.；	23→24
N38	G02　X－45　Y－32.　R32.；	24→25
N40	G01　X－60.　Y－32.；	25→26
N42	X－60.　Y－15.；	26→27
N44	X－45.　Y－15.；	27→28
N46	G03　X－30.　Y0　R15.；	28→2
N48	M99；	子程序结束返回主程序

思考与练习题

3-1　数控铣床可加工哪类零件？与普通机床铣削相比，数控机床铣削零件具有哪些特点？

3-2　简述对刀的概念及数控铣床上的对刀基本过程。

3-3　数控铣床加工中，刀具补偿包括哪些内容？分别用什么指令实现？简述刀具补偿建立的过程。

3-4　如果已在机床坐标系中设置了以下两个坐标系。

G57：X = -40，Y = -40，Z = -20。

G58：X = -80，Y = -80，Z = -40。

（1）试用坐标简图把这两个工件坐标系表示出来。

（2）写出刀具从机械坐标系的（0，0，0）点到 G57 的坐标系的（5，5，10）点，再到 G58 的（10，10，5）点的 G 指令。

3-5　数控铣削加工时程序起始点、返回点和切入点、切出点的确定方法及原则是什么？

3-6　数控铣床固定循环指令中初始平面、返回平面和安全平面的含义是什么？如何确定？

3-7　数控机床加工断点保护的作用是什么？如何实现断点保护、恢复断点的操作？

3-8　试在铝板或石蜡板上加工如图 3-57 所示字样，加工深度为 2mm，立铣刀直径为 φ6mm。

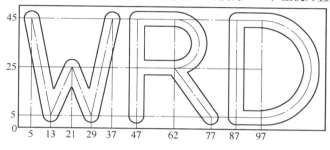

图 3-57　WRD 字样加工

3-9　在立式铣床上加工图 3-58 所示零件，零件材料为 45 钢，毛坯为 50mm × 50mm × 12mm 的板材，且顶面、底面与四个侧面已经加工到位（以零件上表面为 Z 轴零点）。

3-10　在立式铣床上加工如图 3-59 所示零件，零件材料为 45 钢，毛坯尺寸同练习题 3-9。

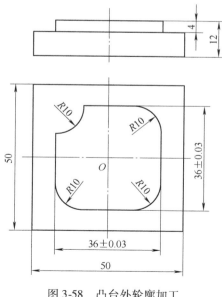

图 3-58　凸台外轮廓加工

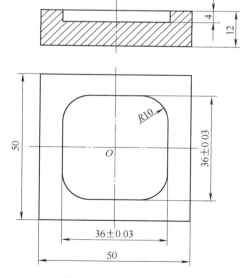

图 3-59　凹槽内轮廓加工

3-11　试编写如图 3-60 所示平底 U 形槽的数控加工程序，工件材料为 45 钢，刀具选用 φ8mm 立铣刀。

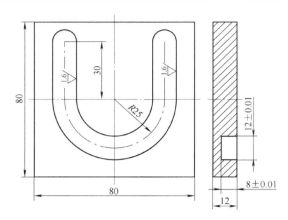

图 3-60　U 形槽零件加工

3-12　试编写如图 3-61 所示平底偏心圆弧槽的数控铣加工程序。工件材料为 45 钢，已经调质处理，毛坯尺寸为 $\phi110mm \times 35mm$ 的圆板料。

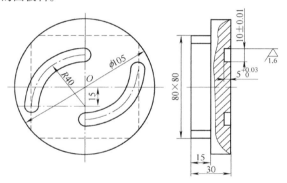

图 3-61　圆弧偏心槽加工

3-13　试编写如图 3-62 所示盘体零件的数控加工程序。

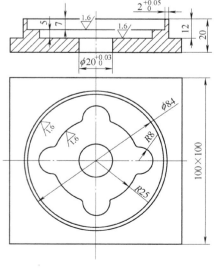

技术要求

1. 未注圆角 R2。

2. 其余表面 $\overset{1.6}{\triangledown}$。

图 3-62　盘体零件

3-14　试编写如图 3-63a ~ h 所示各零件的加工程序。毛坯、刀具依题自定。

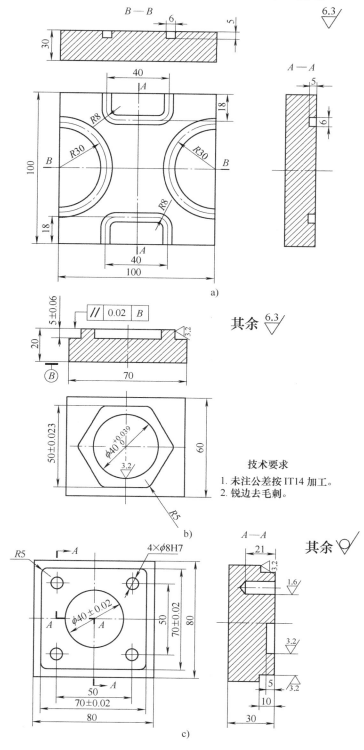

图 3-63　综合加工练习

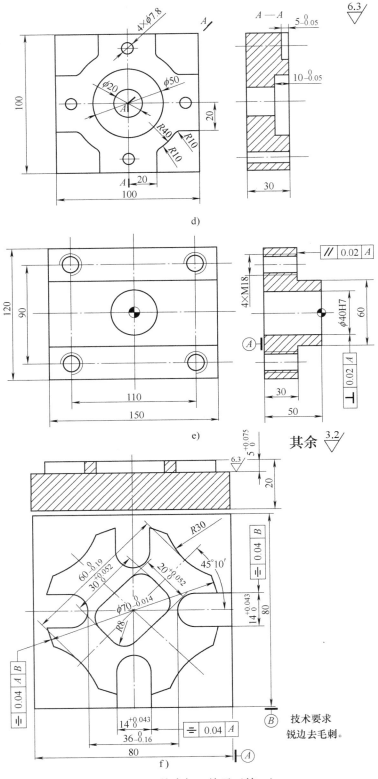

图 3-63　综合加工练习（续一）

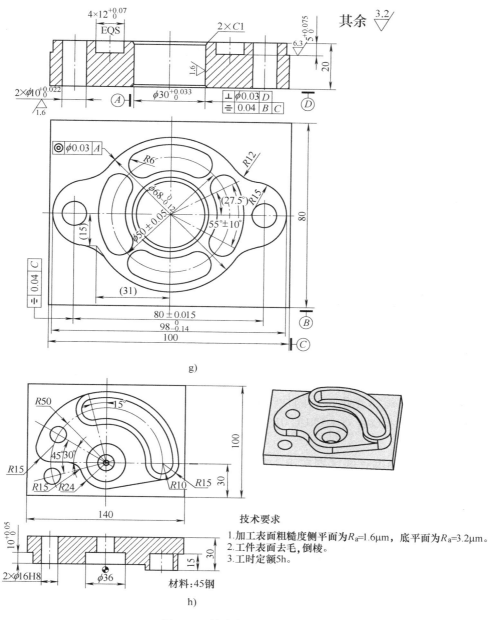

g)

h)

图 3-63   综合加工练习（续二）

第 4 章　宏指令编程

基本要求

1. 掌握宏程序有关概念和基础知识。
2. 掌握宏程序编程的一般思路和技巧。
3. 掌握常见零件加工的宏程序编程。

学习重点

1. 掌握宏程序编程的一般思路和技巧。
2. 掌握常见零件加工的宏程序编程。

学习难点

1. 掌握宏程序编程的一般思路和技巧。
2. 掌握一般公式曲线宏指令轮廓描述。

4.1　FANUC 0i 系统宏程序编程基础知识

宏程序编程是指在程序中用变量表述一个字地址的数字量。在程序中对变量进行赋值，来满足一些具有规律变化特点的加工需要，如非圆曲线轮廓、三维曲面以及零件的粗、精加工编程等。本章针对 FANUC 0i 系统的宏程序编程功能，讲述宏程序的基础理论及应用实例。

宏程序编程与普通编程的区别在于：在宏程序编程中，可以使用变量，可以给变量赋值，变量间可以运算，程序运行可以跳转；而在普通编程中，只可指定常量，常量之间不可以运算，程序只能按顺序执行，不能跳转，功能是固定的。

宏程序的分类：用户宏程序一般分为 A、B 两种，两者有较大的差别。在一些较老的 FANUC 系统（如 FANUC-OMD）中采用 A 类宏程序，而在较为先进的系统（如 FANUC-0i）中则采用 B 类宏程序。本书以 B 类宏程序为讲述对象。

随着技术的发展，自动编程逐渐会取代手工编程，但是手工编程毕竟还是编程工作的基础。并且在实践中，各种"疑难杂症"往往还要利用手工编程技术来解决，而宏程序的运用应该是手工编程应用中的亮点和较高的技术境界。宏程序具有灵活性、通用性和智能性等特点，在有些方面优于 CAD/CAM 软件。例如，对于规则曲面的编程来说，使用 CAD/CAM 软件编程一般都有工作量大，程序庞大，加工参数不易修改等缺点，只要任何一个加工参数发生任何变化，再智能的软件也要根据变化后的加工参数重新计算刀具轨迹，尽管软件计算刀具轨迹的计算速度非常快，但始终是个比较麻烦的过程。宏程序注重把机床功能参数与编程语言相结合，灵活的参数设置也使机床具有最佳的工作性能，同时也给予操作者极大的自由调整空间。另外，在诸如变螺距螺纹的加工、用螺旋插补进行锥度螺纹的加工和钻深可变式深孔钻加工等，宏程序具有它独特的优势。

4.1.1　变量与赋值

1. 变量表示

普通程序直接用数值指定 G 代码和移动距离，如 G01 和 X200。使用用户宏程序时，数值可以直接指定或用变量指定。当用变量时，一个变量由符号（#）和变量字符组成，如 #100、#1、#500、#1000 等。

将跟随在地址后面的数值用变量来代替，即引入变量。例如，"G01　X#100　Y－#101　F#102；"当 #100 = 100.，#101 = 50.，#102 = 60 时，实际程序是"G01　X100.　Y－50.　F60；"

2. 变量的类型

变量从功能上主要可归纳为两种，即系统变量（系统占用部分），用于系统内部运算时各种数据的存储；用户变量，包括局部变量和公共变量，用户可以单独使用，系统作为处理资料的一部分。FANUC 0i 系统的变量类型见表 4-1。

表 4-1　变量的类型及功能

变　量　号	变量类型	功　　　能
#0	空变量	该变量总是空，没有值赋给该变量
#1 ~ #33	局部变量	局部变量只能用在宏程序中存储数据,如运算结果
		当断电时,局部变量被初始化为空,调用宏程序时,自变量对局部变量赋值
#100 ~ #199	公共变量	公共变量在不同的宏程序中的意义相同
#500 ~ #999		当断电时,变量#100 ~ #199 初始化为空。变量#500 ~ #999 的数据,即使断电也不丢失
#1000 以上	系统变量	系统变量用于读和写 CNC 的各种数据,如刀具的当前位置和补偿值等

局部变量和公共变量可以为零值或下列范围中的值：$-10^{47} \sim -10^{-29}$ 或 $10^{-29} \sim 10^{47}$。如果计算结果超出有效范围，则发出 P/S 报警 No. 111。

3. 变量的引用

在程序中使用变量值时，应指定后跟变量号的地址。当用表达式指定变量时，必须把表达式放在括号中，如"G01　X[#11 + #22]　F#3；"。B 类宏程序除可采用 A 类宏程序的变量表示方法外，还可以用表达式表示，但表达式必须封闭在方括号"[ ]"中，而程序中的圆括号"（ ）"用于注释。例如，#[#1 + #2 + 20]，当 #1 = 10，#2 = 100 时该变量表示 #130。

被引用变量的值根据地址的最小设定单位自动地四舍五入。例如，"G00　X#1；"中 #1 值为 27.3018，CNC 最小分辨率 1/1000mm，则实际命令为"G00　X27.302；"。当在程序中定义变量值时，整数值的小数点可以省略。例如，定义 #11 = 123，变量 #11 的实际值是 123.000。变量值的符号放在 # 的前面，如"G00　X － #11；"。

当引用未定义的变量时，变量及地址都被忽略。例如，当变量 #11 的值是零，并且变量 #22 的值是空时，"G00　X#11　Y#22；"的执行结果为"G00　X0.；"。注意，从这个例子可以看出，所谓"变量的值是零"与"变量的值是空"，是两个完全不同的概念。可以这样理解："变量的值是零"相当于"变量的数值等于零"，而"变量的值是空"则意味着"该变量所对应的地址根本就不存在"。

FANUC 系统规定不能用变量代表的地址符有：程序号 O，顺序号 N，任选程序段跳转号／。例如，"O#22；"、"／#22　G00　X100.；"、"N#33　Y200.；"中使用变量是错误的。

4. 变量赋值

变量赋值是指将一个数据赋予一个变量。例如，"#1 = 0"表示变量#1 的值是零。

赋值的规律有：

1）赋值号"="两边内容不能随意互换，左边只能是变量，右边可以是表达式、数值或变量。

2）一个赋值语句只能给一个变量赋值。

3）可以多次给一个变量赋值，新变量值将取代原变量值（即最后赋的值生效）。

4）赋值语句具有运算功能，它的一般形式为"变量 = 表达式"。在赋值运算中，表达式可以是变量自身与其他数据的运算结果。例如，"#1 = #1 + 1"表示#1 的值为"#1 + 1"，这一点与数学运算是有所不同的。

5）赋值表达式的运算顺序与数学运算顺序相同。

变量赋值有直接赋值和引数赋值两种方式。

（1）直接赋值　变量可以在操作面板上用 MDI 方式直接赋值，也可在程序中以等式方式赋值，但等号左边不能用表达式，如"#100 = 100."和"#100 = 30 + 20"。

（2）引数赋值　宏程序以子程序方式出现，所用的变量可在有宏调用时赋值，如"G65 P1000 X100. Y50. Z20. F100. ;"。

此处的 X、Y、Z 不代表坐标字，F 也不代表进给字，而是对应于宏程序中的变量号，变量的具体数值由引数后的数值决定。引数宏程序体中的变量对应关系有两种，见表 4-2 及表 4-3。此两种方法可以混用，其中 G、L、N、O、P 不能作为引数替变量赋值。

表 4-2　变量赋值方法 I

引数	变量	引数	变量	引数	变量	引数	变量
A	#1	I_3	#10	I_6	#19	I_9	#28
B	#2	J_3	#11	J_6	#20	J_9	#29
C	#3	K_3	#12	K_6	#21	K_9	#30
I_1	#4	I_4	#13	I_7	#22	I_{10}	#31
J_1	#5	J_4	#14	J_7	#23	J_{10}	#32
K_1	#6	K_4	#15	K_7	#24	K_{10}	#33
I_2	#7	I_5	#16	I_8	#25		
J_2	#8	J_5	#17	J_8	#26		
K_2	#9	K_5	#18	K_8	#27		

表 4-3　变量赋值方法 II

引数	变量	引数	变量	引数	变量	引数	变量
A	#1	H	#11	R	#18	X	#24
B	#2	I	#4	S	#19	Y	#25
C	#3	J	#5	T	#20	Z	#26
D	#7	K	#6	U	#21		
E	#8	M	#13	V	#22		
F	#9	Q	#17	W	#23		

【例 4-1】　用变量赋值方法 I 对"G65　P0030　A50.　I40.　J100.　K0　I20.　J10. K40. ;"赋值。

解： 经赋值后#1 = 50.0，#4 = 40.0，#5 = 100.0，#6 = 0，#7 = 20.0，#8 = 10.0，#9 = 40.0。

【例 4-2】　用变量赋值方法 II 对"G65　P0200　A50.　X40.　H100;"赋值。

解： 经赋值后#1 = 50.0，#24 = 40.0，#11 = 100.0。

4.1.2 运算指令

B 类宏程序的运算指令类似于数学运算，用各种数学符号来表示。常用运算指令见表4-4。

表 4-4 FANUC 0i 算术和逻辑运算一览表

功 能		格 式	备 注
定义、置换		#i = #j	
算术运算	加法	#i = #j + #k	
	减法	#i = #j − #k	
	乘法	#i = #j * #k	
	除法	#i = #j/#k	
	正弦	#i = SIN[#j]	三角函数及反三角函数的数值均以度为单位来指定 如 90°30′应表示为 90.5°
	反正弦	#i = ASIN[#j]	
	余弦	#i = COS[#j]	
	反余弦	#i = ACOS[#j]	
	正切	#i = TAN[#j]	
	反正切	#i = ATAN[#j]/[#k]	
	平方根	#i = SQRT[#j]	
	绝对值	#i = ABS[#j]	
	舍入	#i = ROUND[#j]	
	指数函数	#i = EXP[#j]	
	(自然)对数	#i = LN[#j]	
	上取整	#i = FIX[#j]	
	下取整	#i = FUP[#j]	
逻辑运算	与	#iAND#j	
	或	#iOR#j	
	异或	#iXOR#j	
从 BCD 转为 BIN		#i = BIN[#j]	用于与 PMC 的信号交换
从 BIN 转为 BCD		#i = BCD[#j]	

宏程序计算说明如下：

1）函数 SIN、COS 中的角度单位是度（°），（′）和（″）要换算成带小数点的（°）。例如，90°30′表示为 90.5°，再如 20°18′表示为 20.3°。

2）宏程序数学运算的次序依次为函数运算（SIN、COS、ATAN 等），乘和除运算（*、／、AND 等），加减运算（+、−、OR、XOR 等）。

例如，#1 = #2 + #3 * SIN[#4]。

运算次序为：①函数 SIN[#4]。

②乘和除运算#3 * SIN[#4]。

③加减运算#2 + #3 × SIN[#4]。

3）函数中的括号。"[ ]"用于改变运算次序，最里层的"[ ]"优先运算。函数中的括号允许嵌套使用，但最多只允许嵌套 5 级。当超出 5 级时，出现错误 P/S 报警 No. 118。

4.1.3 转移与循环指令

在程序中，可以使用控制指令来改变程序的流向。系统提供的控制指令有 3 种转移和循环操作可供使用。

1. 无条件转移指令（GOTO 语句）

1）编程格式：GOTO　n；

2）说明：当执行该程序时，无条件转移到 Nn 程序段执行，n 为程序段顺序号（1～9999）。

例如，"GOTO　90"；即程序转移至 N90 段执行。

2. 条件转移指令（IF 语句）

1）编程格式：IF　［条件表达式］　GOTO　n；

2）说明：当执行该程序时，如果条件成立，则转移到 Nn 程序段执行。如果条件不成立，则执行下一句程序。

例如，"IF　［#1GT#10］　GOTO　100；"如果#1 大于#10 条件成立，则转移到 N100 程序段执行。若条件不成立，则执行下一段程序。

3. 循环指令（WHILE 语句）

1）编程格式：WHILE　［条件表达式］　DO　m；（m = 1、2、3、…）

　　　　　　　…

　　　　　　　END　m

2）说明：当执行该程序时，如果条件成立，就循环执行 WHILE 与 END 之间的程序段 m。当条件不成立时，就执行 END　m 的下一段程序。WHILE 与 END 指令成对使用，两者之间的若干程序段为循环体内容。

注：条件式的种类如下。

#j EQ #k　表示#j = #k

#j NE #k　表示#j ≠ #k

#j GT #k　表示#j > #k

#j GE #k　表示#j ≥ #k

#j LT #k　表示#j < #k

#j LE #k　表示#j ≤ #k

4.1.4　用户宏程序调用指令

1. 宏程序非模态调用（G65）

当指定 G65 时，调用以地址 P 指定的用户宏程序，数据（自变量）能传递到用户宏程序中，指令格式如下所示。

1）编程格式：G65　P<p>　L<l>　<自变量赋值>；

式中　　　　<p>——要调用的程序号；

　　　　　　<l>——重复次数（默认值为1）；

　　<自变量赋值>——传递到宏程序的数据。

例如：

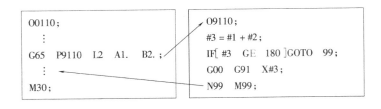

2）说明：

①在 G65 之后，用地址 P 指定用户宏程序的程序号。

②任何自变量前必须指定 G65。

③当要求重复时，在地址 L 后指定重复次数（1～9999）。省略 L 值时，系统默认 L 值等于 1。

④使用自变量指定（赋值），其值被赋值给宏程序中相应的局部变量。

3）自变量赋值的其他说明。

①自变量赋值 I、Ⅱ 的混合使用，CNC 内部自动识别自变量赋值 I 和 Ⅱ。如果自变量赋值 I 和 Ⅱ 混合赋值，较后赋值的自变量类型有效。

【例 4-3】

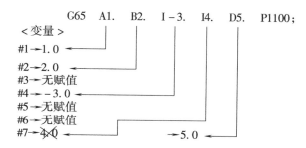

解：

本例中，I4. 和 D5. 都给变量#7 赋值，但后者 D5. 有效。

②小数点的问题。没有小数点的自变量数据的单位为各地址的最小设定单位。传递的没有小数点的自变量的值将根据机床实际的系统配置而定。因此，建议在宏程序调用中一律使用小数点，既可避免无谓的差错，也可使程序对机床及系统的兼容性好。

③调用嵌套调用可以 4 级嵌套，包括非模态调用（G65）和模态调用（G66），但不包括子程序调用（M98）。

④局部变量的级别。局部变量嵌套从 0 到 4 级，主程序是 0 级。用 G65 或 G66 调用宏程序，每调用一次（2、3、4 级），局部变量级别加 1，而前一级的局部变量值保存在 CNC 中，即每级局部变量（1、2、3 级）被保存，下一级的局部变量（2、3、4 级）被准备，可以进行自变量赋值。

当宏程序中执行 M99 时，控制返回到调用的程序，此时，局部变量级别减 1，并恢复宏程序调用时保存的局部变量值，即上一级被存储的局部变量被恢复，如同它被存储一样，而下一级的局部变量被清除。

例如：

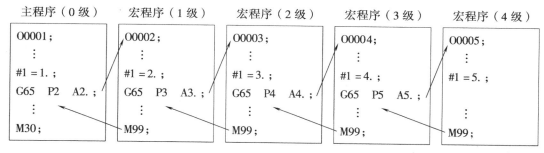

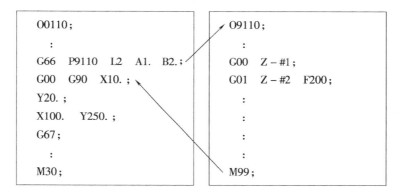

2. 宏程序模态调用与取消（G66、G67）

当指定 G66 时，则指定宏程序模态调用。即指定沿移动轴移动的程序段后调用宏程序，G67 取消宏程序模态调用。指令格式与非模态调用（G65）相似。

1）编程格式：G66　P ＜ p ＞　L ＜ l ＞　＜自变量赋值 ＞；

式中　　　　＜ p ＞——要调用的程序号；

　　　　　　＜ l ＞——重复次数（默认值为 1）；

　＜自变量赋值 ＞——传递到宏程序的数据。

例如：

```
O0110;                         O9110;
   :                              :
G66  P9110  L2  A1.  B2.;       G00   Z - #1;
G00   G90   X10.;               G01   Z - #2   F200;
Y20.;                              :
X100.   Y250.;                     :
G67;                               :
   :                              :
M30;                           M99;
```

2）说明

①在 G66 之后，用地址 P 指定用户宏程序的程序号。

②任何自变量前必须指定 G66。

③当要求重复时，在地址 L 后指定重复次数（1～9999）。省略 L 值时，系统默认 L 值等于 1。

④与非模态调用（G65）相同，使用自变量指定（赋值），其值被赋值给宏程序中相应的局部变量。

⑤指定 G67 时，取消 G66。即其后面的程序段不再执行宏程序模态调用。G66 和 G67 应该成对使用。

⑥可以调用 4 级嵌套，包括非模态调用（G65）和模态调用（G66）。但不包括子程序调用（M98）。

⑦在模态调用期间，指定另一个 G66 代码，可以嵌套模态调用。

⑧限制。第一，在 G66 程序段中，不能调用多个宏程序。第二，在只有诸如辅助功能（M 代码），但无移动指令的程序段中不能调用宏程序。第三，局部变量（自变量）只能在 G66 程序段中指定。注意，每次执行模态调用时，不再设定局部变量。

4.2　数控车床宏指令编程

4.2.1　椭圆曲线轮廓轴的加工

试编制如图 4-1 所示零件的加工程序。已知材料为 45 钢，毛坯为 $\phi32mm \times 72mm$ 的棒料。

（1）分析　加工内容有端面、锥面和外圆等。采用三爪自定心卡盘进行装夹，椭圆中心的右边加工余量较大，需要先粗加工至 $\phi30mm$ 去除余量，采用 95°外圆车刀；椭圆中心左侧部分余量不大，可一次加工完成。精加工采用 93°外圆车刀，副偏角大于15°。

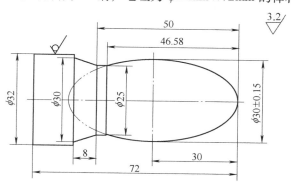

图 4-1　椭圆曲线轮廓轴

如图 4-2 所示，采用 G73 粗车循环指令，用二次曲线拟合的方式描述。设动点 P (x, z)，自变量为 z 坐标，如图 4-3 所示。精加工再沿全部曲线轮廓加工一遍。

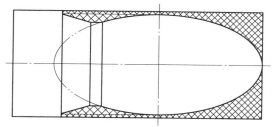

图 4-2　粗、精加工余量示意图

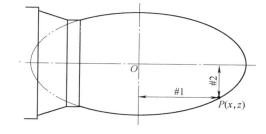

图 4-3　动点 P 坐标变量

根据椭圆方程

$$\frac{z^2}{a^2} + \frac{x^2}{b^2} = 1$$

得到

$$x = \pm \frac{b}{a} \times \sqrt{a \times a - z \times z}$$

已知，椭圆长半轴 $a = 30mm$，短半轴 $b = 15mm$。注意，采用直径编程，动点 P 的 x 坐标为 $2 \times \#2$。

（2）加工程序（表 4-5）

表 4-5　椭圆曲线加工举例

程　　序		注　　释
O111		主程序名
N10	G40　G99　G97；	初始化
N20	T0101；	选 01 号刀，采用 01 号刀偏
N30	M03　S1000；	主轴正转，转速为 1000r/min
N40	G00　X50.　Z50.；	快速点定位

（续）

程　序		注　释
	O111	主程序名
N50	G42　X35.　Z32.；	加刀具半径补偿,并移至循环起始点
N60	G73　U20.　W0.　R10.；	粗车循环次数10,X向总退刀量为20mm
N70	G73　P100　Q200　U1.　W0.5　F0.2；	精加工余量0.5mm
N100	G00　X0.；	N100～N200为精加工轮廓描述
N110	G01　Z30.　F0.1；	移动至椭圆顶点
N120	#1 = 30.；	自变量#1赋初始值
N130	WHILL ［#1GE － 16.58］ DO 1；	如果#1 ≥ － 16.58,循环体1继续
N140	#2 = 15/30 * SQRT［30 * 30 － #1 * #1］；	算得动点#2
N150	G01　x［2 * #2］ Z#1；	直线插补拟合椭圆曲线
N160	#1 = #1 － 0.2；	#1赋值更新
N170	END 1；	循环体1结束
N180	G01　X25.　Z － 16.58；	
N185	Z － 20.；	
N190	G01　X30.　Z － 28.；	车削锥面
N200	X35.；	
N210	G40　G00　X100.　Z150.；	快速退刀至换刀点
N220	T0202；	
N230	G00　G42　X35.　Z32.；	定位至循环起始点
N240	G70　P100　Q200；	轮廓精加工
N250	G00　X100.　Z150.　M09；	退刀
N260	M05；	
N270	M02；	

4.2.2　其他非圆曲线轮廓轴的加工

　　根据如图4-4所示零件图，加工抛物线曲线轮廓轴。工件材料为45钢，毛坯尺寸为 $\phi50mm \times 100mm$ 的棒料。

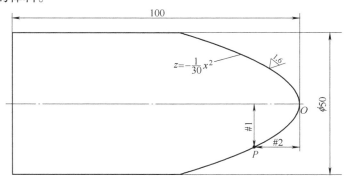

图4-4　抛物线曲线轮廓轴

　　（1）分析　由于抛物线轮廓曲面有表面粗糙度 $Ra1.6\mu m$ 的技术要求，故采取粗车、精车两道工序完成。动点 $P (x, z)$ ，自变量设为 x ，动点坐标函数关系如图4-4所示。

（2）加工程序（表4-6）

表 4-6 抛物线曲线加工举例

程 序		注 释
	O222	主程序名
N10	G40　G99　G97　G21；	初始化
N20	T0101；	选 01 号刀，采用 01 号刀偏
N30	M03　S1000；	主轴正转，转速为1000r/min
N40	G42　X55.　Z5.；	加刀具半径补偿，并移至循环起始点
N50	G71　U1.　R0.5；	粗车循环，背吃刀量为1mm，退刀量为0.5mm
N60	G71　P100　Q200　U0.5　W0.2　F0.2；	循环体 N100 ~ N200
N100	G00　X0.；	快速进刀至 X 轴 0mm
N110	G01　Z0.　F0.2；	移动至抛物线顶点
N120	#1 = 0；	自变量#1 赋初始值
N130	WHILL［#1LE25］ DO 1；	如果#1≤25，循环体 1 继续
N140	#2 = −1/30 * ［#1 * #1］；	算得函数 Z(#2)的值
N150	G01　x［2 * #1］ Z#2；	直线插补拟合抛物线
N160	#1 = #1 + 0.5；	#1 赋值更新
N170	END 1；	循环体 1 结束
N200	X55.；	退刀
N210	G40　G00　X100.　Z100.；	取消刀补，回到换刀点
N220	T0202；	选 02 号刀，采用 02 号刀偏
N230	G42　X55.　Z5.	加刀具半径补偿，并移至循环起始点
N240	G70　P100　Q200；	精加工循环体 N100 ~ N200
N250	G40　G00　X100.　Z100.	取消刀补快速退刀
N260	M05；	
N270	M02；	

4.3　数控铣床及加工中心宏指令编程

4.3.1　圆柱孔的轮廓加工（螺旋铣削）

零件如图 4-5 所示，铣削 φ30mm 圆孔，其深度为 20mm。设圆心为 G54 原点，顶面为 Z0 面，加工过程全部采用顺铣方式。

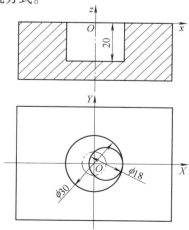

图 4-5　圆孔轮廓加工（螺旋铣削）示意图

为增强程序的适应性，本章主要研究不通孔加工，即需准确控制加工深度。若要加工通孔，则只需把加工深度设置得比通孔深度略大即可。

如果要逆铣，只需把程序中的"G03"改为"G02"即可，其余部分可完全不变。

加工程序见表4-7。

表4-7　圆孔轮廓加工举例

程　序		注　释
O333		主程序名
N10	#1 = 30. ;	圆孔直径
N20	#2 = 20. ;	圆孔深度
N30	#3 = 18. ;	（平底立铣刀）刀具直径
N40	#4 = 0. ;	Z 坐标（绝对值）设为自变量，赋初始值为0
N50	#15 = 1. ;	Z 坐标（绝对值）每次递增量（每层切削深度即层间距 Q）
N60	#5 = [#1 - #3]/2;	螺旋加工时刀具中心的回转半径
N70	S1000　M03;	主轴正转
N80	G54　G90　G00　X0.　Y0.　Z30. ;	程序开始，定位于 G54 原点上方安全高度
N90	G00　X#5;	移动到起始点上方
N100	Z[#4 + 1.];	下降至 Z - #4 面以上 1mm 处（即 Z1. 处）
N110	G01　Z - #4　F200;	Z 方向下降至当前开始加工深度（Z - #4）
N120	WHILE　[#4LT#2]　DO　1;	如果加工深度#4 ＜圆孔深度#2，循环体1继续
N130	#4 = #4 + #15;	Z 坐标（绝对值）依次递增#15（即层间距 Q）
N140	G03　I - #5　Z - #4　F300;	逆时针螺旋加工至下一层
N200	END　1;	循环体1结束
N210	G03　I - #5;	到达圆孔深度（此时#4 =#2）逆时针加工一整圆
N220	G01　X　[#5 - 1.];	向中心回退1mm处
N230	G00　Z30. ;	快速提刀至安全高度
N240	M05;	主轴停止
N250	M30;	程序结束

注意：加工不通孔时，应对#15 的赋值有所要求，即#2 必须能被#15 整除，否则孔底会有余量，或加工深度将超标。

4.3.2　多个圆孔（或台阶圆孔）的轮廓加工（螺旋铣削）

在上述圆孔螺旋铣削加工的基础上进一步深化应用，并强调运用宏指令（宏程序调用的指令），以及在主程序中对调用的宏程序进行相关的自变量赋值。

如图4-6所示，试加工两组台阶孔。设 O 为 G54 原点，顶面为 Z0 面，加工过程全部采用顺铣。

加工程序见表4-8和表4-9。

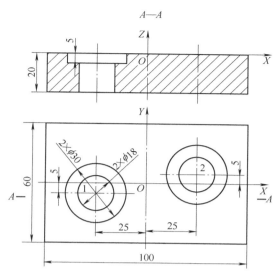

图 4-6　两组台阶孔轮廓

表 4-8　两组台阶孔加工程序 1

主　程　序		注　　释
O0402		主程序名
N10	G54　G90G00　X0.　Y0.　Z50. ;	程序开始,定位于原点安全高度
N20	S1000　M03 ;	
N30	G52　X－25.　Y－5. ;	在 1 处建立局部坐标系
N40	G65　P1402　A18.　B24.　C12.　I0.　Q1.　F300 ;	调用宏程序,在 1 处加工 φ18mm 通孔
N50	G65　P1402　A30.　B5.　C12.　I0.　Q1.　F300 ;	调用宏程序,在 1 处加工 φ30mm 的沉孔
N60	G52　X25.　Y5. ;	在 2 处建立局部坐标系
N70	G65　P1402　A28.　B24　C12.　I0.　Q1.　F300 ;	调用宏程序,在 2 处加工 φ18mm 的通孔
N80	G65　P1402　A30.　B5.　C12.　I0.　Q1.　F300 ;	调用宏程序,在 2 处加工 φ30mm 的沉孔
N90	G52　X0.　Y0. ;	取消局部坐标系
N100	M30 ;	程序结束

赋值说明:

$\#1 = (A)$;　　　　　　　　　→圆孔直径

$\#2 = (B)$;　　　　　　　　　→圆孔深度

$\#3 = (C)$;　　　　　　　　　→(平底立铣刀)刀具直径

$\#4 = (I)$;　　　　　　　　　→Z 坐标(绝对值)设为自变量

$\#9 = (F)$　　　　　　　　　　→进给速度

$\#17 = (Q)$　　　　　　　　　→Z 坐标(绝对值)每次递增量(层间距 Q)

表 4-9　两组台阶孔加工程序 2

宏 程 序		注 　 释
	O1402	子程序名
N10	#5 = [#1 − #3]/2;	螺旋加工时刀具中心的回转半径
N20	G00　X#5;	移动到起始点上方
N30	Z[− #4 + 1.];	下降至 Z − #4 面以上 1mm 处
N40	G01　Z − #4　F[#9 * 0.2];	Z 方向下降至当前开始加工深度(Z − #4)
N50	WHILE　[#4LT#2]　DO 1;	如果加工深度#4 < 圆孔深度#2,循环体 1 继续
N60	#4 = #4 + #17;	Z 坐标(绝对值)依次递增#17
N70	G03　I − #5　Z − #4　F#9;	逆时针螺旋加工至下一层
N80	END　1;	循环体 1 结束
N90	G03　I − #5;	
N100	G01　I[− #5 − 1];	到达圆孔深度(此时#4 = #2)逆时针加工一整圆
N110	G00　Z30. ;	向中心回退 1mm
N120	M99;	快速提刀至安全高度

注意:

1) 如果需要精确控制圆孔直径尺寸,在合理选用和确定其他加工参数后,只需调整#1 即 A 的值即可。

2) 如果需要精确控制圆孔深度尺寸,在合理选用和确定其他加工参数后,只需调整#2 即 B 的值即可。

4.3.3　孔口倒圆角

如图 4-7 所示,要对工件 ϕ40mm 孔口倒圆角 R5mm,工件材质为 45 钢,选择 ϕ12mm 的平底铣刀。试编写其加工程序。

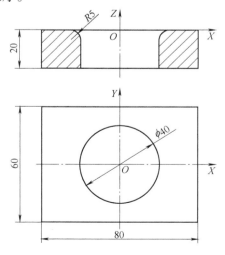

图 4-7　孔口倒圆角

(1) 分析　加工思路如图 4-8 所示。刀具沿圆角轮廓 R5mm,绕轴线回转加工,从 Z0 直至 Z − 5。

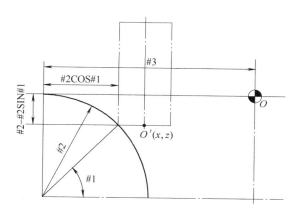

图 4-8　孔口倒圆角加工思路示意图

（2）加工程序（表 4-10）

表 4-10　孔口倒圆角加工举例

程　　序		注　　释
	O0403	主程序名
N10	G54　G90　G00　X0.　Y0.　Z30.；	程序开始,定位于安全高度
N20	S1000　M03；	
N30	#1 = 90.；	刀具切削点加工起始角（90°→0°）
N40	#2 = 5.；	倒圆角半径 $R5mm$
N50	#3 = 25.；	圆角轮廓起始点回转半径（孔半径 + 圆角半径）
N60	#4 = 2.；	切削点角度增量
N70	#5 = −［#3 − ［#2］ * COS#1 − 6.］；	刀具中心点 O' 的 X 坐标值
N80	#6 = −［#2 − ［#2］ * SIN#1］；	刀具中心点 O' 的 Z 坐标值
N90	G00　Z1.；	垂直下刀至 Z1
N100	G01　X#5　Y0.　F200；	刀具中心至起始点上方
N110	Z#6；	下刀至起始点 Z0
N120	G03　I#5　J0.；	逆时针整圆铣削
N130	#1 = #1 − #4；	角度赋值更新
N140	G01　X#5；	刀具至 X 轴新起始点
N150	Z#6；	刀具至 Z 轴新起始点
N160	IF［#1 GE0］GOTO　120；	条件判断（若#1≥0,转至 N120 段执行）
N170	G01　X0.　Y0.；	刀具至孔中心
N180	G00　Z30.；	抬刀至安全高度
N190	M05；	
N200	M30；	

4.3.4　圆柱体倒角

如图 4-9 所示，要对工件 $\phi60mm$ 的柱体倒角 $6 \times 60°$，工件材质为 45 钢，选择 $\phi12mm$ 平底铣刀。

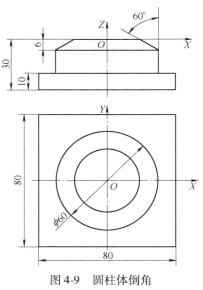

图 4-9　圆柱体倒角

（1）分析　加工思路如图 4-10 所示，刀具沿倒角轮廓斜线自上而下，绕轴线回转加工，从 Z0 直至 Z－6。

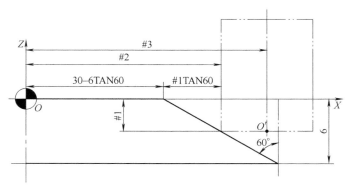

图 4-10　加工思路示意图

（2）加工程序（表 4-11）

表 4-11　圆柱体倒角加工举例

程　序	注　释
O0404	主程序名
N10　G54　G90　G00　X0.　Y0.　Z30.；	程序开始,定位于安全高度
N20　S1000　M03；	
N30　#1＝0；	刀具切削点 Z 坐标初始值(0mm→ －6mm)

（续）

程　序		注　释
	O0404	主程序名
N40	#2 = 30 − 6 * TAN60 + #1 * TAN60;	刀具切削点 X 坐标
N50	#3 = #2 + 6.;	刀具中心点 O′ 的 X 坐标值
N60	#4 = 0.2;	切削点切削深度增量
N70	G01　X#3　Y0.　F200;	刀具中心至起始点上方
N80	Z −［#1 + 0.2］;	下刀至起始点上 Z0.2 处
N90	G03　I − #3　J0.;	逆时针整圆铣削
N100	#1 = #1 − #4;	切削深度赋值更新
N110	G01　X#3;	刀具至 X 轴新起始点
N120	Z − #1;	刀具至 Z 轴新起始点
N130	IF［#1 GE − 6］GOTO　90;	条件判断（若#1 ≥ − 6，转至 N90 段执行）
N140	G00　Z30.;	抬刀至安全高度
N150	M05;	
N160	M30;	

4.3.5　螺纹铣削加工

传统的螺纹加工方法主要是采用螺纹车刀车削螺纹或采用丝锥、板牙手工攻、套螺纹。螺纹铣削加工与传统螺纹加工方式相比，在加工精度、加工效率方面有极大的优势，且加工时不受螺纹结构和螺纹旋向的限制。例如，一把螺纹铣刀可以加工多种导程和不同旋向的内、外螺纹。

此外，螺纹铣刀的寿命是丝锥的十几倍甚至数十倍，而且在数控铣削螺纹的过程中，对螺纹直径尺寸的调整非常方便。鉴于螺纹铣削加工的诸多优点，目前发达国家的大批量螺纹生产已经广泛地采用了铣削加工工艺。

一般而言，机夹式螺纹铣刀的刀片从齿形上又可细分为两种：一种是单齿刀片，其配用的刀杆通常为单刃结构，即在刀杆的单边装 1 个刀片，与车床上使用的螺纹车刀及镗刀非常相似；另一种是梳状多齿刀片，其配用的刀杆既有单刃结构，即在刀杆的单边装 1 个刀片，又有双刃结构，即在刀杆的两边对称安装 2 个刀片。

如图 4-11 所示，使用机夹式单刃（单齿）螺纹铣刀，配备单刀片，刃数 $Z = 1$，加工右旋螺纹。为确保铣削方式为顺铣（推荐），主轴正转（M03），Z 轴走刀为自下而上逆时针螺旋插补进给，Z0 为螺纹顶面，刀轴中心点为刀位控制点。已知加工螺纹 M40 × 2.5，由 $D_1 = 1.3P = 36.75$，选取铣刀直径为#2 = 28mm。加工程序见表 4-12。

表 4-12　螺纹铣削加工举例

程　序		注　释
	O0405	主程序名
N10	#1 = 40.;	螺纹公称直径 D
N20	#2 = 19.;	螺纹铣刀半径（刀尖点到刀轴轴线距离）

（续）

程　序	注　释
O0405	主程序名
N40 #4 = 2. 5 ;	螺纹螺距 P
N50 #5 = 36. ;	螺纹深度 H(绝对值)
N60 #6 = ROUND[1000 * 150/[#2 * 3. 14]] ;	主轴转速 n(此处取 v_C = 150m/min) ,并取整
N70 #7 = 0. 1 * 1 * #6 ;	铣刀刀尖处进给量 f, 由铣刀刃数(Z = 1) 与每刃进给量(f_Z = 0. 1mm/z) 计算
N80 #8 = ROUND[#7 * [#1 - #2]/#1] ;	由 f 计算出铣刀轴心点 O′的进给速度 v_C
N90 #9 = [#1 - #2]/2 ;	铣刀中心的回转半径, 即 OO′长度
N100 G54　G90　G00　X0.　Y0.　Z30. ;	定位与 G54 原点上方安全高度
N110 M03　S#6 ;	主轴正转, 转速为#6
N120 Z[- #5 - #4] ;	快速降至孔底部(需要多降一个螺距#4)
N130 G01　X - #9　F#8 ;	刀具沿 O→O′径向移动
N140 #10 = - #5 - #4 ;	设 Z 坐标为自变量, 初始值 = - #5 - #4
N150 WHILE[#10LE#4] DO1 ;	如果#10≤#4, 循环体 1 继续
N160 G03　I#9　Z#10 ;	铣刀螺旋线插补一圈
N170 #10 = #10 + #4 ;	刀具 Z 坐标更新赋值
N180 END　1 ;	循环体 1 结束
N190 G00　Z30. ;	抬刀至安全高度
N200 M30 ;	程序结束

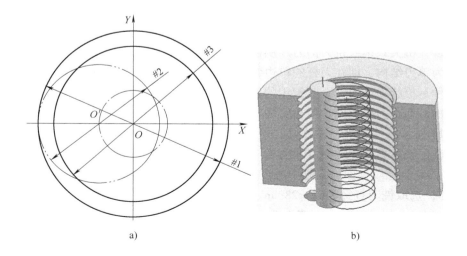

图 4-11　螺纹铣削示意图

a) 零件图　b) 三维效果图

4.3.6　椭圆内轮廓铣削加工

如图 4-12 所示，采用 ϕ16mm 的平底铣刀，铣削椭圆内轮廓，椭圆长半轴为 40mm，短半轴为 30mm，椭圆旋转角 20°，椭圆内腔深度为 15mm。假设椭圆内轮廓是中空的，椭圆中心为 G54 原点，顶面为 Z0 面。

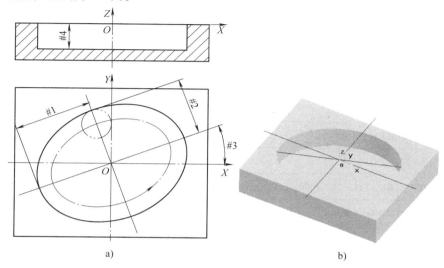

图 4-12　椭圆内轮廓铣削示意图

a）零件图　b）三维效果图

（1）分析

1）必须使用刀具半径补偿功能，以使刀具运动轨迹的外包络线就是要加工的椭圆内轮廓。

2）一般情况下椭圆内轮廓之中多数是中空的。否则，可以在椭圆中心预先铣出圆孔（半径略小与椭圆的短半轴），以利于加工椭圆时在中心垂直下刀。在中心垂直下刀可以使刀具在进入和退出椭圆轮廓时不产生明显的接刀痕，表面加工质量相对容易保证。

3）根据相关数学知识，椭圆的参数方程为

$$X = a\cos\theta$$
$$Y = b\sin\theta$$

（2）加工程序（表 4-13）

表 4-13　椭圆内轮廓加工举例

程　序		注　释
O0405		主程序名
N10	G54　G90　G40　G00　X0.　Y0.　Z30.；	程序开始，定位于 G54 原点上方安全高度
N20	S1000　M03；	
N30	#1＝40.；	椭圆长半轴长
N40	#2＝30.；	椭圆短半轴长
N50	#3＝20.；	椭圆旋转角（长半轴轴线与 X 轴正方向夹角）

（续）

程　序	注　释
O0405	主程序名
N60　#4 = 15. ;	椭圆内腔深度
N70　#5 = 90. ;	椭圆切削点角度，赋初值90°
N80　#10 = 5. ;	椭圆内腔当前切削深度，设首次为5mm
N90　#11 = 2. ;	椭圆切削点角度增量
N100　G68　X0.　Y0.　R#3 ;	坐标原点为中心进行坐标系旋转角度
N110　G00　Z2. ;	下刀至Z2处
N120　WHILE　[#10LE#4]　DO 1 ;	如果#10≤#4，循环体1继续
N130　G01　Z - #10 ;	下刀至首次切削深度
N140　G41　D01　G01　X#1　Y0　F300 ;	加刀具半径左补偿，至椭圆内轮廓切削起点
N150　WHILE　[#5LE460]　DO 2 ;	如果角度#5≤（90° + 360° + 10°），循环体2继续
N160　#5 = #5 + #11 ;	椭圆切削点角度增量
N170　#7 = #1 * COS[#5] ;	椭圆下一点的X坐标
N180　#8 = #2 * SIN[#5] ;	椭圆下一点的Y坐标
N190　G01　X#7　Y#8　F500 ;	逆时针切削至椭圆下一点
N200　END　2 ;	循环体2结束
N210　G00　Z30. ;	快速提刀至安全高度
N220　G40　X0.　Y0. ;	取消刀具半径补偿，回到原点
N230　#10 = #10 + 5. ;	切削深度变量重新赋值
N240　#5 = 90. ;	椭圆切削点角度初始化
N250　END　1 ;	循环体1结束
N260　G69 ;	取消坐标系旋转
N270　M30 ;	

4.3.7　球头铣刀加工四棱台斜面

如图4-13所示，矩形工件对称中心设为G54原点，顶面为Z0。若假设#1 = 100mm，#2 = 60mm，斜面与垂直面夹角#3 = #4 = 57°，#5 = 15mm，使用R8mm的球头铣刀加工周边外斜面，试编写加工程序。

（1）分析　以顺时针方式单向走刀，由斜面自下而上逐层爬升，球头铣刀加工斜面时相关的数学推导见表4-14。

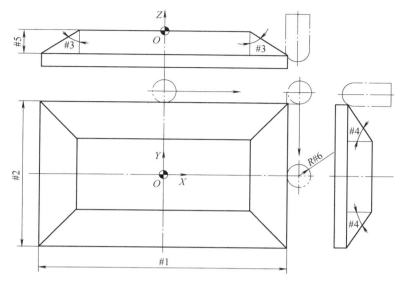

图 4-13　斜面零件示意图

表 4-14　球头铣刀加工斜面时相关的数学推导详细图解

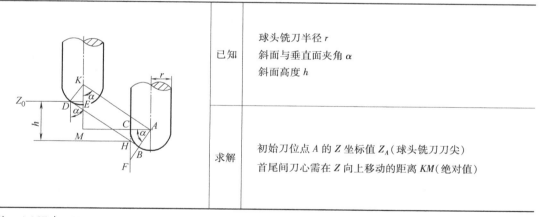

	已知	球头铣刀半径 r 斜面与垂直面夹角 α 斜面高度 h
	求解	初始刀位点 A 的 Z 坐标值 Z_A(球头铣刀刀尖) 首尾间刀心需在 Z 向上移动的距离 KM(绝对值)

注：$\triangle ACF$ 中，$AF = AC/\cos\alpha = r/\cos\alpha$，$BF = AF - AB = r(1 - \cos\alpha)/\cos\alpha$，$\triangle FBH$ 中，$BH = BF/\tan\alpha = r(1 - \cos\alpha)/\sin\alpha$。

因为，$BH = CH$，$ME = h - r(1 - \cos\alpha)/\sin\alpha$。

所以，$MK = KE + ME = r \cdot \sin\alpha - r(1 - \cos\alpha)/\sin\alpha + h$。

（2）加工程序（表 4-15）

表 4-15　四棱台斜面加工程序

程　序		注　释
O0406		主程序名
N10	G54　G90　G40　G00　X0.　Y0.　Z30. ;	定位于 G54 上方安全高度
N20	S1000　M03 ;	
N30	#1 = 100. ;	X 向大端尺寸
N40	#2 = 60. ;	Y 向大端尺寸

（续）

	程　　序	注　　释
	O0406	主程序名
N50	#3 = 57. ;	斜面与垂直面夹角
N60	#5 = 15. ;	斜面高度
N70	#6 = 8. ;	球头铣刀刀具半径
N80	#7 = 0 ;	切削深度自变量，赋初始值为0
N90	#17 = 0.5 ;	切削深度自变量每层增量 d_Z
N100	#8 = #1/2 + #6 ;	刀位点到原点距离（X）
N110	#9 = #2/2 + #6 ;	刀位点到原点距离（Y）
N120	#21 = #6[1 − COS[#3]]/SIN[#3]] − #5 − #6 ;	刀尖初始点坐标 Z_A
N130	#22 = #6SIN[#3] − #6[1 − COS[#3]]/SIN[#3] + #5 ;	即表 4-14 中 KM 的长度
N140	Z5. ;	下刀至 Z5 处
N150	WHILE　[#7LE#22]　DO　1 ;	如果#7≤#22，循环体1继续
N160	#25 = #8 − #7 * TAN[#3] ;	刀位点到原点距离 X 变量
N170	#26 = #9 − #7 * TAN[#3] ;	刀位点到原点距离 Y 变量
N180	G00　X#25　Y#26 ;	刀位点到起始点上方
N190	G01　Z[#21 + #7]　F300 ;	下刀至首次切削深度
N200	Y − #26 ;	顺时针加工矩形
N210	X − #25 ;	
N220	Y#26 ;	
N230	X#25 ;	
N240	#7 = #7 + #17 ;	切削深度变量赋值，每次 0.5mm
N250	END　1 ;	循环体 2 结束
N260	G00　Z30. ;	抬刀至安全高度
N270	M30 ;	程序结束

4.3.8　内球面粗加工（平底立铣刀）

内球面粗加工如图 4-14 所示。假设待加工的毛坯为一实心长方体 100mm × 60mm × 40mm，其粗加工方式：使用平底立铣刀，每次从中心垂直下刀，向 X 正方向加工一段距离，然后逆时针加工整圆，全部采用顺铣，加工完最外圈后提刀返回中心，再进给至下一层继续加工，直至到达预定深度，自上而下以等高方式逐层去除余量。试编写其加工程序。

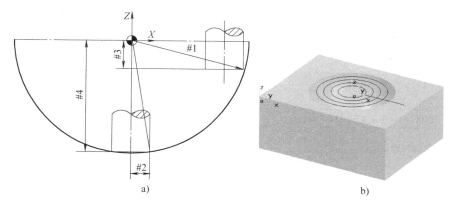

图 4-14　内球面粗加工示意图

a) 零件图　b) 三维效果图

加工程序见表 4-16 和表 4-17。

表 4-16　内球面粗加工程序 1

程　　序		注　　释
O0407		主程序名
N10	G54　G90　G00　X0.　Y0.　Z100;	快速定位在 G54 坐标系(0,0,100)处
N20	M03　S1000;	
N30	G65　P1406　X50.　Y30.　Z0.　A30.　B5.　C0.　I−29.58　Q1. ;	调用宏程序 O1406
N40	M30;	程序结束

自变量赋值说明：

#1 = (A)	→（内）球面的圆弧半径
#2 = (B)	→平底立铣刀半径
#3 = (C)	→Z 坐标设为自变量，赋初始值为 0
#4 = (I)	→刀具到球面底部时 Z 坐标，#4 = SQRT[#1 ∗ #1 − #2 ∗ #2]
#17 = (Q)	→Z 坐标方向每层切削深度即层间距，本题 Q = 1mm
#24 = (X)	→球心在 G54 坐标系中的 X 坐标值
#25 = (Y)	→球心在 G54 坐标系中的 Y 坐标值
#26 = (Z)	→球心在 G54 坐标系中的 Z 坐标值

表 4-17　内球面粗加工程序 2

宏　程　序		注　　释
O1406		子程序名
N10	G52　X#24　Y#25　Z#26;	在球心(50,30,0)处建立局部坐标系 G52
N20	G00　X0.　Y0.　Z30;	定位至球心上方安全高度
N30	#5 = 1.6 ∗ #2;	行距设为刀具直径的 80%（经验值）
N40	#3 = #3 − #17;	自变量#3，赋给第一刀深度值
N50	WHILE　[#3 GT#4]DO1;	如果#3 > #4，执行循环体 1

（续）

宏 程 序		注 释
	O1406	子程序名
N60	Z[#3 + 3.];	下刀至 Z#3 面以上 3mm 处
N70	G01　Z#3　F150;	下刀至当前加工深度 Z#3
N80	#7 = SQRT[#1 * #1 – #3 * #3] – #2;	当前深度时刀具中心对应的 X 坐标最大值
N90	#8 = FIX[#7/#5];	当前深度时刀具在内腔可进给次数，上取整（无条件舍去小数部分）
N100	WHILE[#8GE0]DO2;	如果#8≥0，执行循环体 2
N110	#9 = #7 – #8 * #5;	每圈刀轨在 X 坐标上的目标值（绝对值）
N120	G01　X#9　F200;	移动至轨迹起始点（#9,0,#3）
N130	G03　I – #9　F300;	逆圆插补（整圆）
N140	#8 = #8 – 1.;	#8 重新赋值，每次减 1
N150	END　2;	循环体 2 结束
N160	G00　Z3.;	抬刀至 Z3. 处
N170	X0.　Y0.;	X、Y 坐标快速回到 G52 坐标原点
N180	#3 = #3 – #17;	切削深度#3 依次递减#17
N190	END　1;	循环体 1 结束
N200	G52　X0.　Y0.　Z0.;	恢复 G54 坐标系原点
N210	M99;	宏程序结束返回

注意：采用球心垂直下刀，均采用顺铣。如果特殊情况下要逆铣，只需把程序中的"G03"改为"G02"即可，其余部分基本不变。

4.3.9　内球面精加工（球头铣刀）

如图 4-15 所示，（毛坯借用 4.3.8 的加工结果）由于是内球面精加工，所以采用自上而下等角度圆弧进给 G02（G18 平面内），自变量 0°≤#3 < 90°，每层都是以 G03 方式走刀（G17 平面内）；同样，为便于描述和对比，每层加工时刀具的开始和结束位置重合，均指定在 ZX 平面内的 +X 方向上。为了描述方便，本题采用刀具球心对刀，即以刀具球心作为刀位控制点。试编写其加工程序。

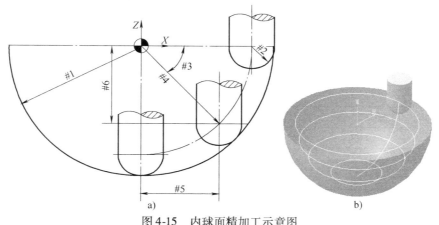

a)　　　　　　　　　　　　　　　　b)

图 4-15　内球面精加工示意图

a）零件图　b）三维效果图

加工程序见表 4-18 和表 4-19。

表 4-18　内球面精加工程序 1

程　　序	注　　释
O0408	主程序名
N10 G54　G90　G00　X0.　Y0.　Z100.；	快速定位在 G54 坐标系 (0, 0, 100) 处
N20 M03　S1000；	
N30 G65　P1407　X50.　Y40.　Z0.　A30.　B5.　C0.　I－29.58　Q1.；	调用宏程序 O1406
N40 M30；	程序结束

自变量赋值说明：

#1 = (A)	→(内)球面的圆弧半径
#2 = (B)	→球铣刀球头半径
#3 = (C)	→刀具球心位置角度设为自变量, 赋初始值为 0
#4 = (I)	→刀具球心进给轨迹圆弧半径
#17 = (Q)	→每次进给时角度增量值, 本题取 Q = 1mm
#24 = (X)	→球面中心在 G54 坐标系中的 X 坐标值
#25 = (Y)	→球面中心在 G54 坐标系中的 Y 坐标值
#26 = (Z)	→球面中心在 G54 坐标系中的 Z 坐标值

表 4-19　内球面精加工程序 2

宏 程 序	注　　释
O1407	子程序名
N10 G52　X#24　Y#25　Z#26；	在球面中心 (50, 30, 0) 处建立局部坐标系 G52
N20 G00　X0.　Y0.　Z30.；	定位至球面中心上方安全高度
N30 #4 = #1 － #2；	定义#4 为刀具球心进给轨迹圆弧半径
N40 X#4；	刀具球心 X 方向移动至起始点
N50 Z#2；	刀具 Z 方向下降至起始点上方
N60 G01　Z0.　F300；	刀具球心 Z 方向下刀至起始点
N70 WHILE　[#3LT90]　DO 1；	如果#3 < 90°, 循环体 1 继续
N80 #5 = #4 * COS[#3]；	每层 G03 整圆插补刀具球心起始点 X 坐标值
N90 #6 = － #4 * SIN[#3]；	每层 G03 整圆插补刀具球心起始点 Z 坐标值
N100 G18　G02　X#5　Z#6　R#4　F300；	G18 平面 G02 圆弧插补进给至 (#5, 0, #6)
N110 G17　G03　I－#5　F500；	G17 平面 G03 整圆插补
N120 #3 = #3 + #17；	#3 赋值更新
N130 END 1；	循环体 1 结束
N140 G00　Z30.；	Z 向抬刀至安全高度
N150 G52　X0.　Y0.　Z0.；	恢复 G54 坐标系原点
N160 M99；	宏程序结束返回

4.4　宏程序综合应用实例

项目一　手柄轴车削加工编程

完成图 4-16 所示零件的加工编程。已知棒料直径为 $\phi 30mm$，材料为 45 钢。

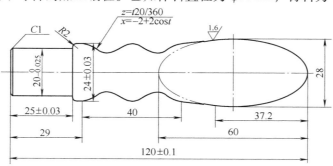

图 4-16　手柄轴

1. 零件图分析

该零件由圆柱面、台阶、锥面以及余弦曲线和椭圆曲线轮廓组成，有尺寸精度和表面粗糙度要求。图 4-16 中余弦曲线参数方程只表示余弦曲线的形状，其位置由两个端点的坐标值确定。根据尺寸 40mm 得知曲线是两个周期，参数 t 变化范围为 $0 \sim 720$。

2. 工艺分析

（1）加工工艺方案　此零件分两端掉头车削，先加工左端阶梯轴尺寸 28mm 部分，再掉头夹持 $\phi 20mm$，加工手柄曲线轮廓部分（本例中，左端阶梯轴加工编程省略）。

（2）加工刀具的确定　左端加工采用 T01 为 93° 外圆车刀。右端为防止轮廓干涉，选择 T02 为菱形刀，主偏角为 90°，副偏角为 38°。T03 为切断刀。刀具如图 4-17 所示。

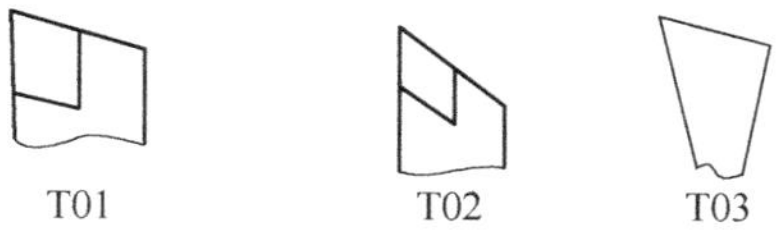

图 4-17　刀具示意图

（3）加工路线　图 4-18 所示为采用 G73 复合循环指令及宏指令精加工轮廓轨迹。

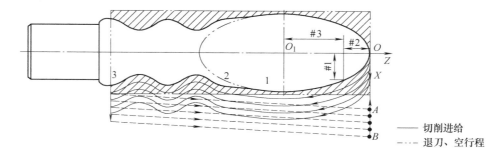

图 4-18　手柄轴加工轨迹示意图

3. 确定加工坐标原点及基点坐标计算

根据零件图，可设置程序原点为工件中心的上表面。基点坐标为 A $(40, 0)$、B $(60, 0)$、1 $(27.2, -37.2)$、2 $(24, -51)$。

4. 公式曲线函数

1）椭圆长半轴 $a = 30\text{mm}$，短半轴 $b = 14\text{mm}$，由椭圆方程 $\dfrac{x^2}{a^2} + \dfrac{y^2}{b^2} = 1$　得

$$x = \frac{30}{14} \times \sqrt{14 \times 14 - y \times y}$$

2）余弦函数公式如图 4-16 所示。

5. 加工程序（表 4-20）

表 4-20　手柄轴加工程序

程　　序		注　　释
	O1001	主程序名
N10	T0202　G98　G21　G97;	选 2 号刀、2 号偏置;每分进给;米制单位;恒转速
N20	M03　S900;	主轴正转;转速为 900r/min
N30	G00　X50.　Z0.　M08;	快速点定位
N40	G01　X−1.　F50;	平端面
N50	G00　G42　X40.　Z2.;	快速退刀至 A 点
N60	G73　U20.　W0.　R10.;	固定形状复合循环粗加工
N70	G73　P80　Q260　U0.5　W0.2　F100;	
N80	G00　X0.;	N80 ~ N260 精加工轮廓描述
N90	G01　Z0.　F60;	
N100	#2 = 0.;	循环体 1 加工椭圆轮廓,自变量#2 赋初始值
N110	#3 = 30 − #2;	动点横坐标换算
N120	WHILL　[#2GE − 37.2]　DO　1;	如果#2 ≥ −37.2,循环体 1 继续
N130	#1 = 30/14 ∗ SQRT[14 ∗ 14 − #3 ∗ #3];	动点纵坐标计算
N140	G01　X[2 ∗ #2]　Z#2;	直线插补拟合椭圆曲线
N150	#2 = #2 − 0.2;	#2 赋值更新
N160	END　1;	循环体 1 结束
N170	G01　X24.　Z − 51.;	1→2,加工锥面
N180	#4 = 0.;	余弦函数自变量 t 设为变量#4,赋初值
N190	WHILL　[#4GE − 720.]　DO　2;	如果#4 ≥ −720°,循环体 2 继续
N200	#5 = − 51. + #4 ∗ 20. /360.;	动点 Z 坐标计算

（续）

程 序	注 释
O1001	主程序名
N210	#6 = 24. + 2. * [− 2. + 2. * COS[#4]];	动点 X 坐标计算
N220	G01 X#6 Z#5;	直线插补拟合余弦曲线
N230	#4 = #4 − 2.;	#1 赋值更新
N240	END 2;	循环体 2 结束
N250	G01 Z − 93.;	
N260	X30.;	
N270	G70 P80 Q260;	精加工循环
N280	G00 G40 X100. Z100. M09;	
N290	M05;	
N300	M02;	

项目二　凸模零件铣削加工编程

试完成图 4-19 所示凸模零件的加工编程。已知毛坯为 150mm × 100mm × 40mm 的板料，材料为 45 钢。

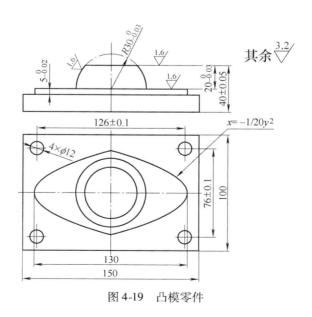

图 4-19　凸模零件

1. 零件图分析

该零件由圆球面、抛物线凸台、孔等结构要素组成，有尺寸精度和表面粗糙度要求。图

4-19 中抛物线方程只表示曲线的形状，其位置由其顶点的坐标值确定。

2. 工艺分析方案设计

1）选用 T01 为 φ24mm 立铣刀，先粗加工球体为圆柱体，再精加工成球面。

2）选用 T01 为 φ24mm 立铣刀，通过改变刀具补偿值，分粗加工和精加工完成抛物线凸台轮廓的加工。

3）选用 T02 为 φ10mm 的麻花钻钻孔，再选用 T03 为 φ12mm 的扩孔钻扩孔完成加工。

3. 加工轨迹路线及加工程序

（1）球体粗加工　如图 4-20 所示，采用螺旋线铣削方式，并通过改变刀具半径补偿值完成球体的粗加工。工件坐标系设定如图 4-20 所示。基点坐标为 $A(-125,0)$、$B(-30,-80)$、$C(-30,$

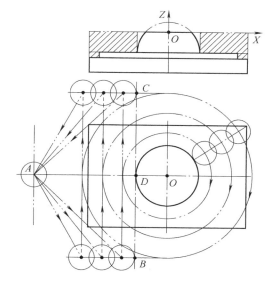

图 4-20　球体粗加工轨迹示意图

$80)$、$D(-30,0)$。刀具半径补偿分为 D01 = 52mm、D02 = 32mm、D03 = 12.5mm，留 0.5mm 精加工余量。

加工程序见表 4-21（刀具为 T01φ24mm 的立铣刀）。

表 4-21　凸模加工程序 1

程　序		注　释
O2001		主程序名
N10	G54　G90　G00　X0.　Y0.　Z100；	
N20	M03　S1000　M08；	
N30	X - 125.　Y0.　Z10.；	快速移动至 A 点上方
N40	G41　X - 30.　Y - 80.　D01；	加刀补 D01 = 52mm，至 B 点上方
N50	M98　P21；	
N60	G41　X - 30.　Y - 80.　D02；	加刀补 D02 = 32mm，至 B 点上方
N70	M98　P21；	
N80	G41　X - 30.　Y - 80.　D02；	加刀补 D03 = 12.5mm，至 B 点上方
N90	M98　P21；	
N100	G00　X0.　Y0.　Z100.　M09；	
N110	M05；	
N120	M30；	
O21		子程序名
N10	G01　X - 30.　Y0.　Z0.5　F200；	切入，至 D 点上方 0.5mm
N20	#1 = - 1.；	#1 赋初值

（续）

程　　序	注　　释
O21	子程序名
N30　　WHILL　［#1GE－20］　DO　1；	
N40　　G02　I30.　Z#1　F200　S1500；	螺旋铣削,每圈进给1mm
N50　　#1＝#1－1.；	
N60　　END　1；	
N70　　G02　I30.；	在Z＝－20mm处再加工一整圈
N80　　G01　X－30.　Y80.；	切线切出至C点
N90　　G00　Z10.；	抬刀
N100　　G40　X－125.　Y0.；	取消刀补,回到A点上方
N110　　M99；	

（2）球面精加工　如图4-21所示。采用逆时针整圆插补（G17平面内），刀具切削点沿圆弧曲线顺时针向下直线进给，直至球面加工至$Z-20.$。为编程方便，用G52建立局部坐标系，原点为O_1。函数曲线方程为$x = \sqrt{30 \times 30 - Z \times Z}$

加工程序见表4-22（刀具为T01ϕ24mm的立铣刀）。

（3）抛物线凸台轮廓的加工　如图4-22所示。采用T01ϕ24mm的立铣刀，通过控制刀具半径补偿值，实现抛物线凸台轮廓的粗、精加工。仍采用G54坐标系，基点坐标为1（65，－70）、2（65，0）、3（0，36.056）、4（－65，0）、5（0，－36.056）、6（65，70）。刀具半径补偿分别为D11＝31mm、D12＝12.5mm、D13＝12mm。

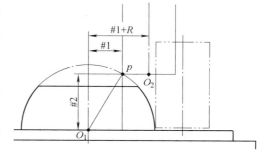

图4-21　球面精加工轨迹示意图

表4-22　凸模加工程序2

程　　序	注　　释
O2002	主程序名
N10　　G54　G17　G90　G00　X0.　Y0.　Z100.；	
N20　　M03　S1500　M08；	
N30　　G52　X0.　Y0.　Z－20.；	设立局部坐标系,原点O_1
N40　　Z25.；	快速下刀至Z25处(G52坐标系)
N50　　#2＝20.；	切削点P纵坐标#2赋初值
N60　　WHILL　［#2GE0］　DO　2；	如果#2≥0,循环体2继续
N70　　#1＝SQRT［30.*30.－#2*#2］；	得切削动点P的横坐标
N80　　G01　X［12＋#1］　F200；	刀具中心点O_2直线移动至圆弧插补起始点
N90　　Z#2；	

（续）

程　　序	注　　释
O2002	主程序名
N100　G03　I - [12. + #1] ;	逆时针整圆插补
N110　#2 = #2 - 0.2 ;	赋值更新
N120　END　2 ;	循环体 2 结束
N130　G00　Z100 ;	快速抬刀
N140　G52　X0.　Y0.　Z0.　M09 ;	恢复 G54 坐标系
N150　M05 ;	
N160　M30 ;	

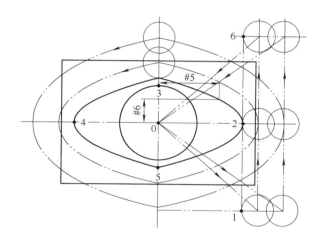

图 4-22　抛物线凸台轮廓加工轨迹示意图

加工程序见表 4-23。

表 4-23　凸模加工程序 3

程　　序	注　　释
O2003	主程序名
N10　G54　G17　G90　G00　X0.　Y0.　Z100. ;	绝对值编程,调用 G54 坐标系,快速点定位
N20　M03　S1500　M08 ;	主轴正转,转速为 1500r/min,切削液开
N30　Z10. ;	快速下刀至 Z10
N40　G42　X65.　Y - 70.　D11 ;	快速定位至 1 点,加刀具半径右补偿 D11
N50　Z - 24. ;	下刀至 Z - 24
N60　M98　P23 ;	调用子程序,粗铣抛物线凸台轮廓
N70　G42　X65.　Y - 70.　D12 ;	快速定位至 1 点,加刀具半径右补偿 D12
N80　Z - 24. ;	下刀至 Z - 24
N90　M98　P23 ;	调用子程序,半精铣,抛物线凸台轮廓
N100　G42　X65.　Y - 70.　D11 ;	快速定位至 1 点,加刀具半径右补偿 D11

（续）

程　　　序	注　　　释
O2003	主程序名
N110　Z－25.；	下刀至 Z－25
N120　M98　P23；	调用子程序，铣抛物线凸台轮廓，底面精铣
N130　G42　X65.　Y－70.　D12；	快速定位至 1 点，加刀具半径右补偿 D12
N140　Z－25.；	下刀至 Z－25
N150　M98　P23；	调用子程序，铣抛物线凸台轮廓，底面精铣
N160　G42　X65.　Y－70.　D13；	快速定位至 1 点，加刀具半径右补偿 D13
N180　Z－25.；	下刀至 Z－25
N190　M98　P23；	调用子程序，精铣抛物线凸台轮廓，底面精铣
N200　G00　Z100.　M09；	
N210　M05；	
N220　M30；	
O23	子程序名
N10　M98　P24；	调用子程序，铣削第 1、2 象限轮廓
N20　G68　X0.　Y0.　R180；	坐标旋转，旋转中心为（0,0），旋转角为 180°
N30　M98　P24；	调用子程序，铣削第 3、4 象限轮廓
N40　G69；	取消旋转指令
N50　G01　X65.　Y70.；	切出至 6 点
N60　G00　Z10.；	抬刀至 Z10
N70　G40　X0.　Y0.；	快速点定位至（0,0），取消刀具半径补偿
N80　M99；	子程序结束返回
O24	子程序名（嵌套子程序）
N10　#5＝65.；	#5 赋初值为 65
N20　WHILL　［#5GE0］　DO　3；	如果#5≥0，执行循环体 3
N30　#6＝SQRT［20.＊［65.－#5］］；	#6 为开方运算
N40　G01　X#5　Y#6　F200；	直线插补一步
N50　#5＝#5－1.；	赋值更新
N60　END　3；	循环体 3 结束
N70　#5＝0.；	#5 赋初值为 0
N80　WHILL　［#5GE－65.］　DO　4；	如果#5≥－65，执行循环体 4
N90　#6＝SQRT［20.＊［65.＋#5］］；	#6 为开方运算
N100　G01　X#5　Y#6　F200；	直线插补一步
N110　#5＝#5－1.；	赋值更新
N120　END　4；	循环体 4 结束
N130　M99；	子程序结束返回

（4）孔加工程序略

思考与练习题

4-1　宏变量有哪些种类？各类宏变量的功能是什么？

4-2　B 类宏程序中变量赋值有哪些方法？举例说明。

4-3　试写出变量常用算术运算，如加、减、乘、除以及平方、平方根、正弦、余弦等的运算表达式。

4-4　试写出各种转移与循环指令，并说明其含义。条件表达式有哪几项？分别列举出来。

4-5　根据如图 4-23 所示尺寸，编写零件的加工程序，已知毛坯棒料直径 $\phi32\text{mm}$，材料 45 钢。

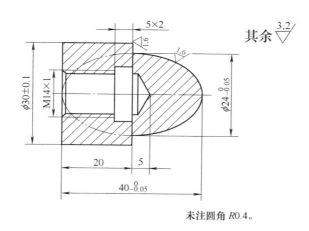

图 4-23　练习题图 4-5

4-6　根据如图 4-24 所示尺寸，编写轴套零件的加工程序，毛坯为 $\phi50\text{mm}$ 的棒料，材料 45 钢。

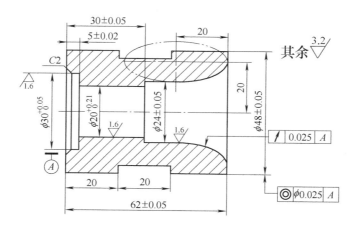

图 4-24　练习题图 4-6

4-7　加工如图 4-25 所示零件，材料为 2A12，毛坯尺寸为 $100\text{mm} \times 70\text{mm} \times 15\text{mm}$ 的方形坯料，且顶面、底面和四个侧面均已加工好。试编程并加工零件。

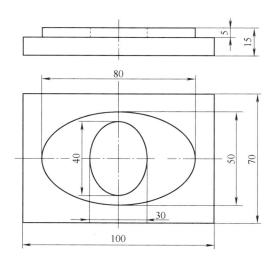

图 4-25　练习题图 4-7

4-8　编写如图 4-26 所示零件的加工程序，工件材料为 45 钢，毛坯、刀具自行选择。

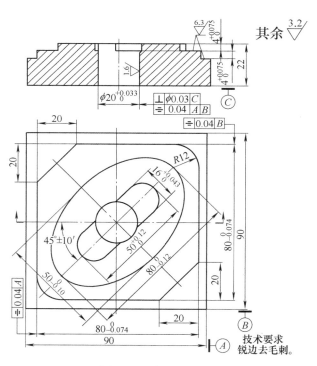

图 4-26　练习题图 4-8

4-9　编写如图 4-27 所示半球体零件的粗、精加工程序，球面和 A 面表面粗糙度要求为 Ra1.6μm，工件材料为 2A12，毛坯尺寸为 70mm×70mm×35mm，且顶面、底面及四周侧面均已经加工好。

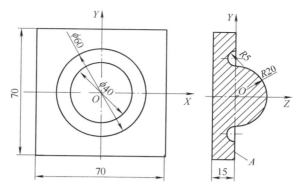

图 4-27　练习题图 4-9

附　　录

附录 A　FANUC、SIEMENS、华中世纪星
数控车床指令对照表

系统 代码	组别	FANUC	华中世纪星	SIEMENS
G00		意义:快速进给、定位 格式:G00　IP __; 　　　IP __:绝对值指令时,是终点坐标;增量值指令时;是刀具移动的距离		
G01		意义:直线插补 格式:G01　IP __　F __; 　　　F __:刀具的进给速度(进给量)		
G02/G03	01	意义:圆弧插补 G02(顺时针);G03(逆时针) 格式: 在 XY 平面上的圆弧 G17 $\begin{Bmatrix} G02 \\ G03 \end{Bmatrix}$ X __ Y __ $\begin{Bmatrix} I__ & J__ \\ R__ & \end{Bmatrix}$ F __; 在 ZX 平面上的圆弧 G18 $\begin{Bmatrix} G02 \\ G03 \end{Bmatrix}$ X __ Z __ $\begin{Bmatrix} I__ & K__ \\ R__ & \end{Bmatrix}$ F __; 在 YZ 平面上的圆弧 G19 $\begin{Bmatrix} G02 \\ G03 \end{Bmatrix}$ Y __ Z __ $\begin{Bmatrix} J__ & K__ \\ R__ & \end{Bmatrix}$ F __;		意义:圆弧插补 G02(顺时针);G03(逆时针) 格式: 指定半径值用"CR = "代替 R
G04	00	意义:暂停 格式:G04　X __;或 G04　P __; X __:指定时间(可用十进制小数点) P __:指定时间(不可用十进制小数点)	意义:暂停 格式:G04　P __; P __:指定时间,单位为 s	
G20	06	意义:英制输入		
G21		意义:米制输入		
G28	00	意义:回归参考点 格式:G28　X __　Z __;		
G29		意义:由参考点回归 格式:G29　X __　Z __;		

（续）

系统 代码	组别	FANUC	华中世纪星	SIEMENS
G32	01	意义:螺纹切削 格式:G32　X＿　Z＿　F＿;	意义:螺纹切削 格式:G32　X＿　Z＿ F＿　R＿　E＿　P＿;	
G33				意义:恒螺距的螺纹切削 格式:G32　Z＿　K＿ SF＝＿;
G40	07	意义:刀具补偿取消 格式:G40;		
G41		意义:左半径补偿 格式:G41;		
G42		意义:右半径补偿 格式:G42;		
G50	00	意义:设定工件坐标系 格式:G50　X＿　Z＿;		意义:取消可设定零点偏值 格式:G500;
G53		意义:机械坐标系选择 格式:G53　X＿　Z＿;		意义:按程序段方式取消可设定零点偏值 格式:G53;
G54	12	意义:选择工作坐标系1 格式:G54;		
G55		意义:选择工作坐标系2 格式:G55;		
G56		意义:选择工作坐标系3 格式:G56;		
G57		意义:选择工作坐标系4 格式:G57;		
G58		意义:选择工作坐标系5 格式:G58;		
G59		意义:选择工作坐标系6 格式:G59;		
G70	00	意义:精加工循环 格式:G70　P(n_s)　Q(n_f)		

（续）

代码 \ 组别 \ 系统	组别	FANUC	华中世纪星	SIEMENS
G71	00	意义:外圆粗车循环 格式:G71　U(Δd)　R(e); 　　　G71　P(n_s)　Q(n_f)　U(Δu) W(Δw)　F(f);	意义:内(外)径粗车复合循环(无凹槽加工时) 格式:G71　U(Δd)　R(r) 　　P(n_s)　Q(n_f)　X(Δx) Z(Δz);F(f)　S(s)　T(t); 意义:内(外)径粗车复合循环(有凹槽加工时) 格式:G71　U(Δd)　R(r) 　　P(n_s)　Q(n_f)　E(e) F(f)　S(s)　T(t);	意义:毛坯切削循环(CYCLE95) 格式:CYCLE95(NPP,MID,FALZ,FALX,FAL,FF1,FF2,FF3,VARI,DT,DAM,__VRT)
G72		意义:端面粗切削循环 格式:G72　W(Δd)　R(e); 　　　G72　P(n_s)　Q(n_f)　U(Δu) W(Δw)　F(f)　S(s)　T(t);	意义:端面粗车复合循环 格式:G72　W(Δd)　R(r) 　　P(n_s)　Q(n_f)　X(Δx) Z(Δz)　F(f)　S(s)　T(t);	
G73		意义:封闭切削循环 格式:G73　U(i)　W(Δk)　R(d); 　　　G73　P(n_s)　Q(n_f)　U(Δu)　W(Δw)　F(f);	意义:闭环车削复合循环 格式:G73　U(ΔI)　W(ΔK) R(r)　P(n_s)　Q(n_f)　X(Δx) Z(Δz)　F(f)　S(s)　T(t);	
G74		意义:端面切断循环 格式:G74　R(e); 　　　G74　X(U)__　Z(W)__　P(Δi) Q(Δk)　R(Δd)　F(f);		
G75		意义:内径/外径切断循环 格式:G75　R(e); 　　　G75　X(U)__　Z(W)__　P(Δi) Q(Δk)　R(Δd)　F(f);		
G76		意义:复合形螺纹切削循环 格式:G76　P(m)　(r)　(a) Q(Δd_{min})　R(d); 　　　G76　X(U)__　Z(W)__　R(i) P(k)　Q(Δd)　F(l);	意义:复合形螺纹切削循环 格式:G76　C(c)　R(r) E(e)　A(a)　X(x)　Z(z) I(i)　K(k)　U(d)　V(Δd_{min}) Q(Δd)　P(p)　F(L)	意义:螺纹切削(CYCLE97) 格式:CYCLE97(PIT,MPIT,SPL,FPL,DM1,DM2,APP,ROP,TDEP,FAL,IANG,NSP,NRC,NID,VARI,NUMT)

（续）

代码（系统）	组别	FANUC	华中世纪星	SIEMENS
G80	01		意义:圆柱面内(外)径切削循环 格式: G80　X＿　Z＿　F＿; 意义:圆锥面内(外)径切削循环 格式: G80　X＿　Z＿　I＿　F＿;	
G81	01		意义:端面车削固定循环 格式: G81　X＿　Z＿　F＿;	
G82			意义:直螺纹切削循环 格式: G82　X＿　Z＿　R＿ E＿　C＿　P＿　F＿; 意义:锥螺纹切削循环 格式: G82　X＿　Z＿　I＿ R＿　E＿　C＿　P＿　F＿;	
G90		意义:直线车削循环加工 格式:G90　X(U)＿　Z(W)＿ F＿; G90　X(U)＿　Z(W)＿　R＿ F＿;	绝对尺寸	
G91			绝对尺寸	
G92	01	意义:螺纹车削循环 格式:G92　X(U)＿　Z(W)＿ F＿; G92　X(U)＿　Z(W)＿　R＿ F＿;	意义:工件坐标系设定 格式: G92　X＿　Z＿;	
G94		意义:端面车削循环 格式:G94　X(U)＿　Z(W)＿ F＿; G94　X(U)＿　Z(W)＿　R＿ F＿;	意义:每分钟进给速率 格式:G94　[F＿];	
G95			意义:每转进给 格式:G95　[F＿];	
G96			意义:恒线速度切削 格式:G96　S＿;	
G97			意义:恒转速度切削 格式:G97　S＿;	

（续）

系统 代码	组别	FANUC	华中世纪星	SIEMENS
G98	05	意义:每分钟进给速度 格式:G98;		
G99		意义:每转进给速度 格式:G99;		
M00		停止程序运行		
M01		选择性停止		选择性停止
M02		结束程序运行		
M03		主轴正向转动开始		
M04		主轴反向转动开始		
M05		主轴停止转动		
M06		换刀指令 格式:M06　T＿		
M08		切削液开启		
M09		切削液关闭		
M30		结束程序运行且返回程序开头		
M98		子程序调用 格式:M98　P××nnnn; 调用程序号为Onnnn的程序××次	子程序调用 格式:M98　PnnnnL××; 调用程序号为Onnnn的程序××次	
M99		子程序结束 子程序格式: Onnnn … … M99;	子程序结束 子程序格式: Onnnn … … M99;	

附录 B　FANUC 0i-MC、SIEMENS 802D、化中世纪星 HNC-22M 数控铣床指令对照表

系统代码	组别	FANUC 0i-MC	华中世纪星 HNC-22M	SIEMENS 802D
G00		意义:快速进给、定位 格式:G00　IP __; 说明:IP __:绝对值指令时,为终点坐标;增量值指令时,为刀具移动的距离		
G01		意义:直线插补 格式:G01　IP __　F __; 说明:F __:刀具的进给速度(进给量)		
G02/G03	01	意义:圆弧插补 G02(顺时针);G03(逆时针) 格式:在 XY 平面上的圆弧 G17　{G02 / G03}　X __　Y __　{I __　J __ / R __}　F __; 在 ZX 平面上的圆弧 G18　{G02 / G03}　X __　Z __　{I __　K __ / R __}　F __; 在 YZ 平面上的圆弧 G19　{G02 / G03}　Y __　Z __　{J __　K __ / R __}　F __;		当采用指定半径值确定圆弧时,用"CR ="代替"R" 意义:中间点圆弧插补 格式:CIP　X __　Y __　Z __　I1 = __　J1 = __　F __;
G04	00	意义:暂停 格式:G04　X __;或 G04　P __: X __:指定时间(可用十进制小数点) P __:指定时间(不可用十进制小数点)	意义:暂停 格式:G04　P __; P __:指定时间,单位为 s	意义:暂停 格式:G04　F __;或 G04　S __; F __:指定时间,单位为 s S __:指定时间,单位为 s
G20	06	意义:英制输入		
G21		意义:米制输入		
G24		镜像使用 G50.1	意义:镜像 格式:G24　IP __; 说明:IP __镜像位置	镜像使用:MIRROR　X0
G25		取消镜像使用 G51.1	意义:取消镜像 格式:G24　IP __; 说明:IP __镜像位置	
G28	00	意义:回归参考点 格式:G28　X __　Z __;		
G29		意义:由参考点回归 格式:G29　X __　Z __;		

（续）

系统代码	组别	FANUC 0i-MC	华中世纪星 HNC-22M	SIEMENS 802D
G33	00	意义:恒螺距的螺纹切削 格式:G33　IP __　F __;		意义:恒螺距的螺纹切削 格式:G33　Z __　K __ 　　　SF = __;
G40	07	意义:刀具补偿取消 格式:G40;		
G41		意义:左半径补偿 格式:G41;		
G42		意义:右半径补偿 格式:G42;		
G51/G50	00	意义:比例缩放/取消 格式:G51　IP __　P __;或G51　IP __　P __　I __　J __　K __; 说明:P __或者I __ J __ K __指定缩放倍数 　　　IP __指定缩放中心坐标		
G53	12	意义:机械坐标系选择 格式:G53　X __　Z __;		意义:按程序段方式取消 可设定零点偏值 格式:G53;
G54		意义:调用 G54 工作坐标系 格式:G54;		
G55		意义:调用 G55 工作坐标系 格式:G55;		
G56		意义:调用 G56 工作坐标系 格式:G56;		
G57		意义:调用 G57 工作坐标系 格式:G57;		
G58		意义:调用 G58 工作坐标系 格式:G58;		
G59		意义:调用 G59 工作坐标系 格式:G59;		
G68		意义:坐标系旋转 格式:G68　IP __　R __; 说明:IP __旋转中心;R __旋转角度		使用 ROT 格式:ROT　RPL = 说明:RPL = 指定旋转角度
G69		意义:取消坐标系旋转 格式:G69;		
G70	00			意义:英制输入
G71				意义:米制输入
G73、G74、G76、G81—G89	01	意义:固定循环 格式:$\left.\begin{cases}G73\\G74\\G76\\G81\\\vdots\\G89\end{cases}\right\}$ IP __　P __　Q __　R __　F __　K __;		固定循环使用 CYCLE…

（续）

系统 代码	组别	FANUC 0i-MC	华中世纪星 HNC-22M	SIEMENS 802D
G80	01	意义:取消固定循环 格式:G80;		
G90	01	绝对尺寸		
G91		相对尺寸		
G92		意义:工件坐标系设定 格式:G92　IP __;		
G94		意义:每分钟进给速率 格式:G94　[F __];		
G95		意义:每转进给 格式:G95　[F __];		
G98		意义:返回起始点 格式:G98 __;		
G99		意义:返回 R 点 格式:G99 __;		
M00	05	停止程序运行		
M01		选择性停止		
M02		结束程序运行		
M03		主轴正向转动开始		
M04		主轴反向转动开始		
M05		主轴停止转动		
M06		换刀指令。格式:M06　T __;		
M08		切削液开启		
M09		切削液关闭		
M30		结束程序运行且返回程序开头		
M98		子程序调用 格式:M98　P××nnnn; 调用程序号为 Onnnn 的程序××次	子程序调用 格式:M98　PnnnnL××; 调用程序号为 Onnnn 的程序 ××次	可直接写入子程序文件 名调用
M99		子程序结束 子程序格式: Onnnn … … M99	子程序结束 子程序格式: Onnnn … … M99	子程序结束采用 RET 表 示

参 考 文 献

［1］ 赵长旭. 数控加工工艺［M］. 西安：西安电子科技大学出版社，2006.

［2］ 关雄飞. 数控加工技术综合实训［M］. 北京：机械工业出版社，2006.

［3］ 关雄飞. 数控机床与编程技术［M］. 北京：清华大学出版社，2006.

［4］ 朱明松，等. 数控车床编程与操作项目教程［M］. 北京：机械工业出版社，2008.

［5］ 朱明松，王翔. 数控铣床编程与操作项目教程［M］. 北京：机械工业出版社，2008.